Roman Claus
Gert Haala

Arbeitsblätter Vögel

Arbeitsblätter Biologie

Ernst Klett Verlag

"Arbeitsblätter Biologie" ist eine Reihe von klar strukturierten, abwechslungsreich aufbereiteten Materialien, die im Unterricht aller Schularten sehr vielseitig einsetzbar sind. Jeder Band präsentiert ein in sich geschlossenes Thema der modernen Schulbiologie. Im Verbund mit der Reihe **"Stundenblätter Biologie"** erhält der Lehrer eine solide, praxisnahe Grundlage für die Vorbereitung und Durchführung eines motivierenden Unterrichts. Der vorliegende Band "Arbeitsblätter Vögel" wird ergänzt durch den Band "Stundenblätter Vögel" (Klett-Nr. 923252).

Weitere Bände in Vorbereitung.

ISBN 3-12-030910-9

1. Auflage 1 5 4 3 2 1 | 1991 90 89 88 87

Alle Drucke dieser Auflage können im Unterricht nebeneinander benutzt werden, sie sind untereinander unverändert. Die letzte Zahl bezeichnet das Jahr dieses Druckes.

Reproduktion: Gölz, Ludwigsburg; Heiming, Stuttgart
Druck: Ernst Klett Druckerei

Autoren:
Roman Claus, Konrad-Duden-Gymnasium, Wesel
Fachberater Biologie beim RP Düsseldorf
Gerd Haala, Konrad-Duden-Gymnasium, Wesel
Studienseminar Oberhausen

Grafiken: Prof. Jürgen Wirth, Klaus Joas, Klett-Archiv

Umschlag: Prof. Jürgen Wirth

Das Werk entstand unter Planung und Mitwirkung der Verlagsredaktion für Naturwissenschaften.

Redaktion dieses Bandes: Dr. Eckart Pott, Diplom-Biologe, Stuttgart

Inhaltsverzeichnis

Zum Aufbau und zum Einsatz der Arbeitsblätter im Unterricht

Die Vorbereitung des naturwissenschaftlichen Unterrichts ist für den Lehrer häufig sehr zeitaufwendig. Wie viele Stunden verbringt er nicht mit der Suche nach geeigneten Materialien! Für den Didaktiker ist zwar das Realobjekt das zentrale Arbeitsmittel; der Praktiker weiß jedoch, daß gut strukturierte Medien im Lernprozeß unverzichtbar sind und die Begegnung mit dem Original ergänzen müssen.
Hier sollen die "Arbeitsblätter" eine Hilfe sein. Sie bieten dem Lehrer eine Fülle von Rohmaterial an, das er nach seinen Vorstellungen nutzen und im eigenen Unterricht verwenden kann. Bei der Durchsicht dieses Materials wird der interessierte Kollege schnell erkennen, daß die Arbeitsblätter

- klar strukturiert,
- abwechslungsreich aufbereitet,
- richtlinien-, schulform- und schulstufenunabhängig,
- nicht an ein bestimmtes Unterrichtswerk gebunden und vor allem
- methodisch vielseitig einsetzbar sind.

Der übersichtliche Aufbau der Arbeitsblätter erleichtert die Benutzung: Auf der rechten Seite befindet sich in der Regel die Kopiervorlage; ihr gegenüber ist eine mögliche Musterlösung angegeben, die manchmal durch weitführende Hinweise oder zusätzliches Material ergänzt wird. Um die Arbeitsblätter optimal zu nutzen, und um sie methodisch variabel einsetzen zu können, sollte sich der Lehrer von diesen Kopiervorlagen bzw. von einzelnen Teilen auch Folien für den Overhead-Projektor anfertigen.
Im formalen Aufbau werden alle sinnvollen Möglichkeiten eines Arbeitsblattes genutzt: Aufträge mit Beobachtungsaufgaben, Darstellungen von Experimenten wechseln mit Präparieranleitungen und Bastelhinweisen ab. Oberstes Prinzip ist dabei, die Eigentätigkeit des Schülers anzuregen. Das Arbeitsblatt hat also kaum illustrierenden Charakter, es wird vielmehr verstanden als zentraler Bestandteil der Erarbeitung im Unterricht.

Inhaltlich decken die Arbeitsblätter alle wesentlichen Themen zur Vogelkunde ab. Bau und Funktion des Vogelkörpers, Einzeldarstellungen und Vogelarten, systematische bzw. ökologische Aspekte sind ebenso in der Zusammenstellung enthalten wie Vogelflug und Fluganpassungen.
Die Kopiervorlagen sind nach folgenden Gesichtspunkten zusammengefaßt:

- Bau der Vögel,
- Vogelflug,
- Fortpflanzung / Entwicklung und Verhalten der Vögel,
- Anpassung der Vögel an verschiedene Lebensräume,
- Systematik der Vögel,
- Überwinterung und Vogelzug.

Die Reduktion der Inhalte erfolgte mit Rücksicht auf die Richtlinien der verschiedenen Bundesländer.
Das Thema Vogelkunde taucht bei den einzelnen Schulformen vor allem in den Klassenstufen 5 und 6 auf. Die Arbeitsblätter eignen sich durch ihren thematischen Aufbau, durch die klare graphische Darstellung und durch ihre sprachliche Gestaltung für den Einsatz im Anfangsunterricht. Durch die Vielfalt des Angebotes werden jedoch auch Inhalte der Mittel- und Oberstufe von Realschule bzw. Gymnasium aufgefangen (z.B. Verhaltenslehre, Entwicklung oder Ökologie). Dies ermöglicht einen Einsatz der Arbeitsblätter in jeder Schulform und in jeder Altersstufe der Schüler. Der Lehrer kann dann die Musterlösungen entsprechend der Leistungsfähigkeit der jeweiligen Lerngruppe seinen eigenen Zielsetzungen anpassen.

Ein weiterer Vorteil des Materials ist darin zu sehen, daß es unabhängig von einem bestimmten Lehrwerk entwickelt wurde. Die Einzelthemen sind voneinander unabhängig und untereinander austauschbar. Deshalb kann die Auswahl und Anordnung der Kopiervorlagen beliebig variiert werden.

Der für den Lehrer wichtigste Aspekt dürfte darin liegen, daß er die Arbeitsblätter methodisch unterschiedlich einsetzen kann. Das Material ist von seiner Konzeption her so angelegt, daß es vielfältige Verwendungsmöglichkeiten zuläßt. Die methodische Freiheit des Lehrers ist damit gewährleistet. Um das zu erläutern, seien einige Stichwörter angeführt:

Der Einsatz kann erfolgen:

- unterrichtsvorbereitend,
- unterrichtsbegleitend oder
- nachbereitend.

Die Funktion des Materials kann liegen in:

- Vermittlung von Information,
- Bearbeitung einer bestimmten Problemfrage,
- Ergebnissicherung und Zusammenfassung,

- Festigung und Wiederholung,
- Übung und Anwendung,
- Lernerfolgskontrolle oder
- Anleitung zum naturwissenschaftlichen Arbeiten.

Es lassen sich neben den kognitiven Lernzielen auch pragmatische und fachmethodische Ziele erreichen; die Schüler üben das

- Betrachten und Beschreiben,
- Beobachten und Vergleichen,
- Vermuten und Hypothesen-Aufstellen,
- Untersuchen und Experimentieren.

Schließlich lassen sich die Arbeitsblätter in verschiedene Interaktions- bzw. Sozialformen im Unterricht einsetzen. Sie ermöglichen im Zusammenhang mit der entsprechenden Folie:

- Lehrer- und Schülervortrag,
- fragend-entwickelndes Verfahren,
- angeleitetes bzw. selbständiges Erarbeiten.

Das kann geschehen im

- Klassenunterricht (frontal) bzw. als
- Gruppenarbeit,
- Partnerarbeit oder
- Einzelarbeit.

Da durch die äußere Form der Arbeitsblätter in den meisten Fällen keine der genannten unterrichtsdidaktischen bzw. methodischen Einsatzmöglichkeiten vorweggenommen ist, kann der Lehrer das Material ganz entsprechend seinen Vorstellungen und in Abhängigkeit von den besonderen Bedingungen seiner Schule und seiner Klasse verwenden. Ein konkretes Beispiel dazu: Der Lehrer hat zur Bearbeitung der Problemfrage: "Wie ist der Buntspecht an das Baumleben angepaßt?" das Arbeitsblatt in Klassenstärke kopiert und eine Overhead-Folie davon angefertigt. In arbeitsteiligem Gruppenunterricht werden von vier bzw. acht Schülergruppen die Aspekte Meißelschnabel, Zunge, Kletterfuß und Stützschwanz erarbeitet. Die Abbildungen dienen der Informationsvermittlung. Die Beschreibung und Zusammenfassung erfolgt im Klassenunterricht; die Schüler tragen ihre Ergebnisse anhand der Folie vor und füllen die Textzeilen aus. Die richtige Lösung wird von allen Schülern zur Sicherung in ihr eigenes Arbeitsblatt übertragen. Der Abbildungsteil der Folie dient in dieser Stunde der weiteren Festigung. In der folgenden Stunde ermöglicht dieser Teil die Wiederholung bzw. Lernerfolgskontrolle.

Die Arbeitsblätter sollen andere geeignete Arbeitsmittel, z.B. einen Film oder entsprechende Dias, in der Motivations- bzw. Erarbeitungsphase nicht ersetzen. Sie können sie in günstiger Weise ergänzen. Falls aber, wie leider viel zu oft, Filme und Diareihen nicht oder nicht rechtzeitig zur Verfügung stehen, erlauben die Arbeitsblätter dennoch einen informativen, methodisch abwechslungsreichen und effektiven Unterricht.
Damit sind die Arbeitsblätter ein attraktives Angebot an den Lehrer; sie sind ein vielfältig nutzbarer "Steinbruch" zur Erleichterung und Optimierung des Unterrichts.

Hinweis: Gleichzeitig mit den "Arbeitsblättern" zur Vogelkunde wurden die "Stundenblätter Vögel" für die Hand des Lehrers entwickelt. Dieser Band (Klett-Nr. 923252) stellt in einer 16stündigen Unterrichtsreihe Einsatzmöglichkeiten für verschiedene dieser "Arbeitsblätter" bzw. Alternativen dazu vor.

gleichwarm

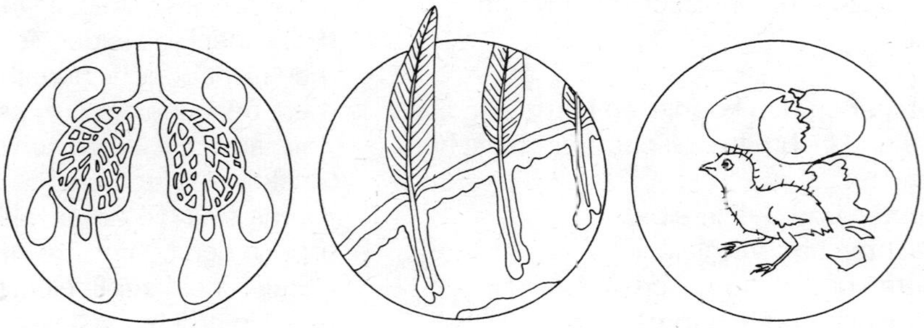

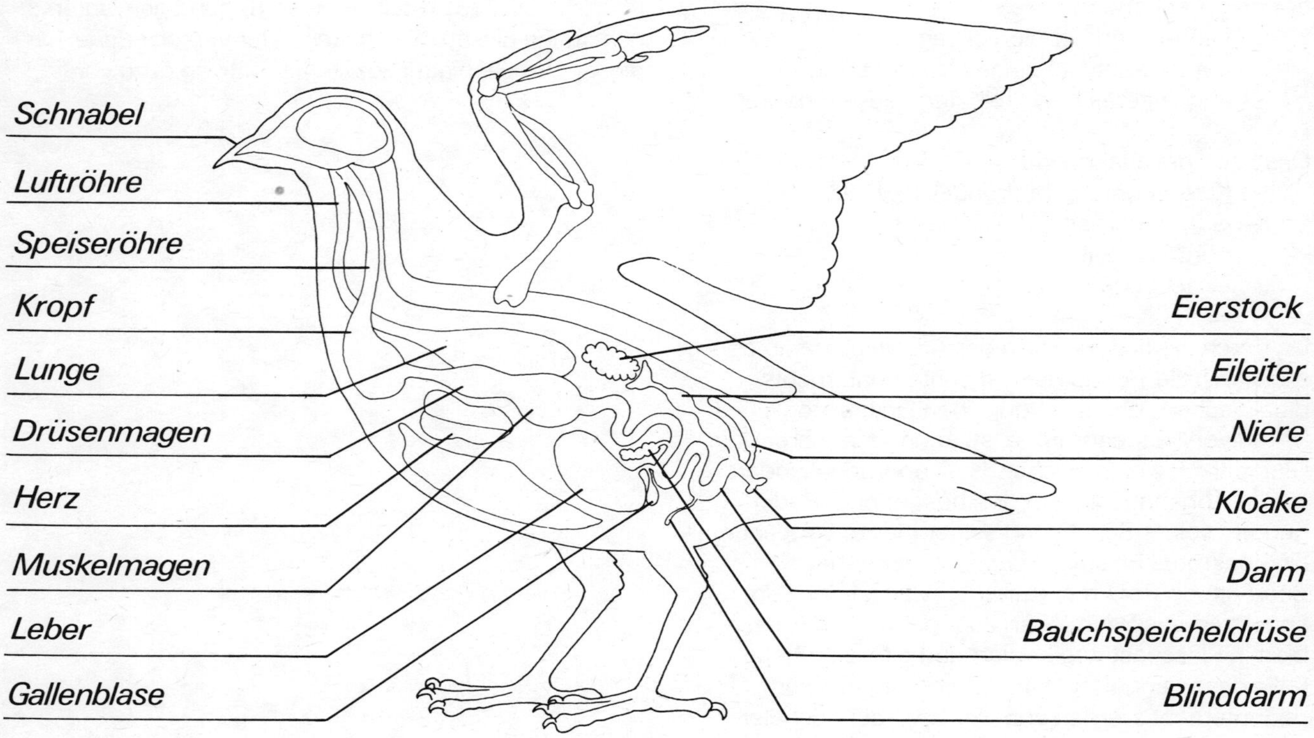

1. Benenne die inneren Organe eines Vogel. Beschrifte die Zeichnung.

2. Male die Organe des Verdauungstraktes mit grünem Farbstift aus.

3. Benenne anhand der Abbildung die wesentlichen Kennzeichen der Vögel.

ISBN 3-12-030910-9

Die inneren Organe eines Vogels / Kennzeichen der Vögel

gleichwarm

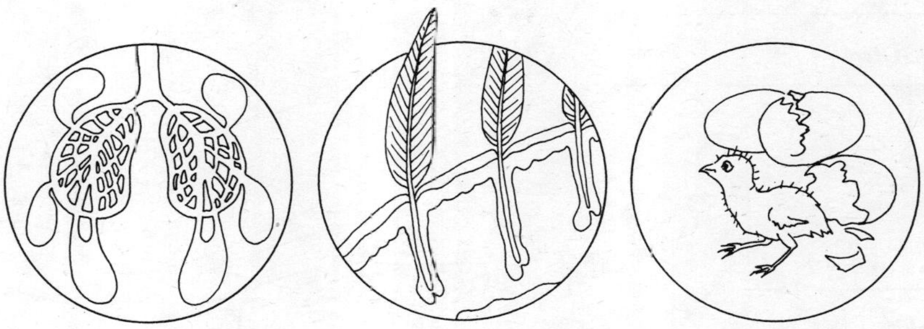

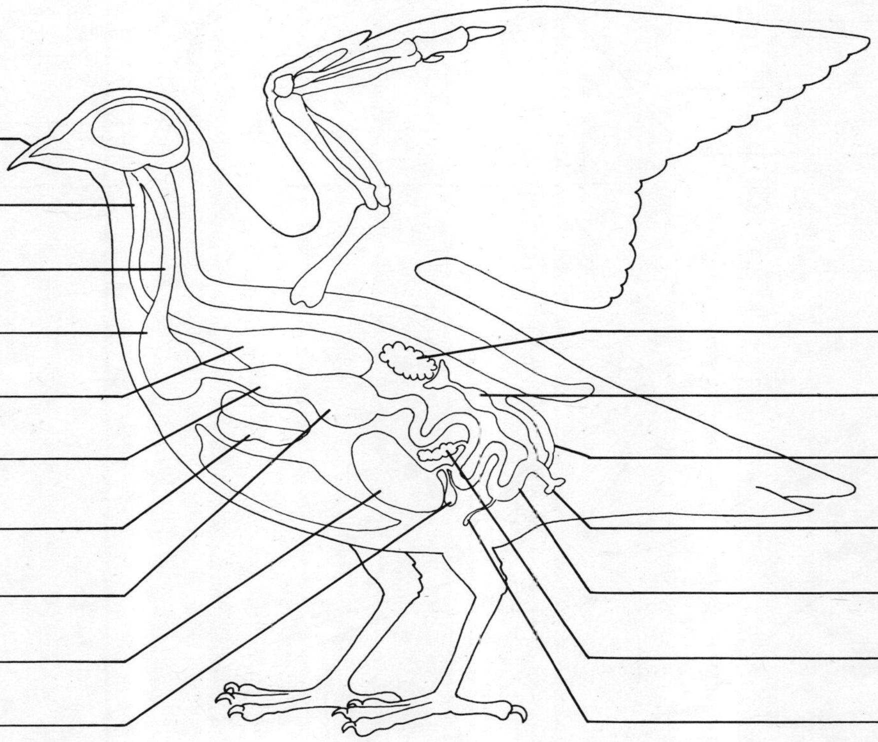

1. Benenne die inneren Organe eines Vogel. Beschrifte die Zeichnung.
2. Male die Organe des Verdauungstraktes mit grünem Farbstift aus.
3. Benenne anhand der Abbildung die wesentlichen Kennzeichen der Vögel.

ISBN 3-12-030910-9

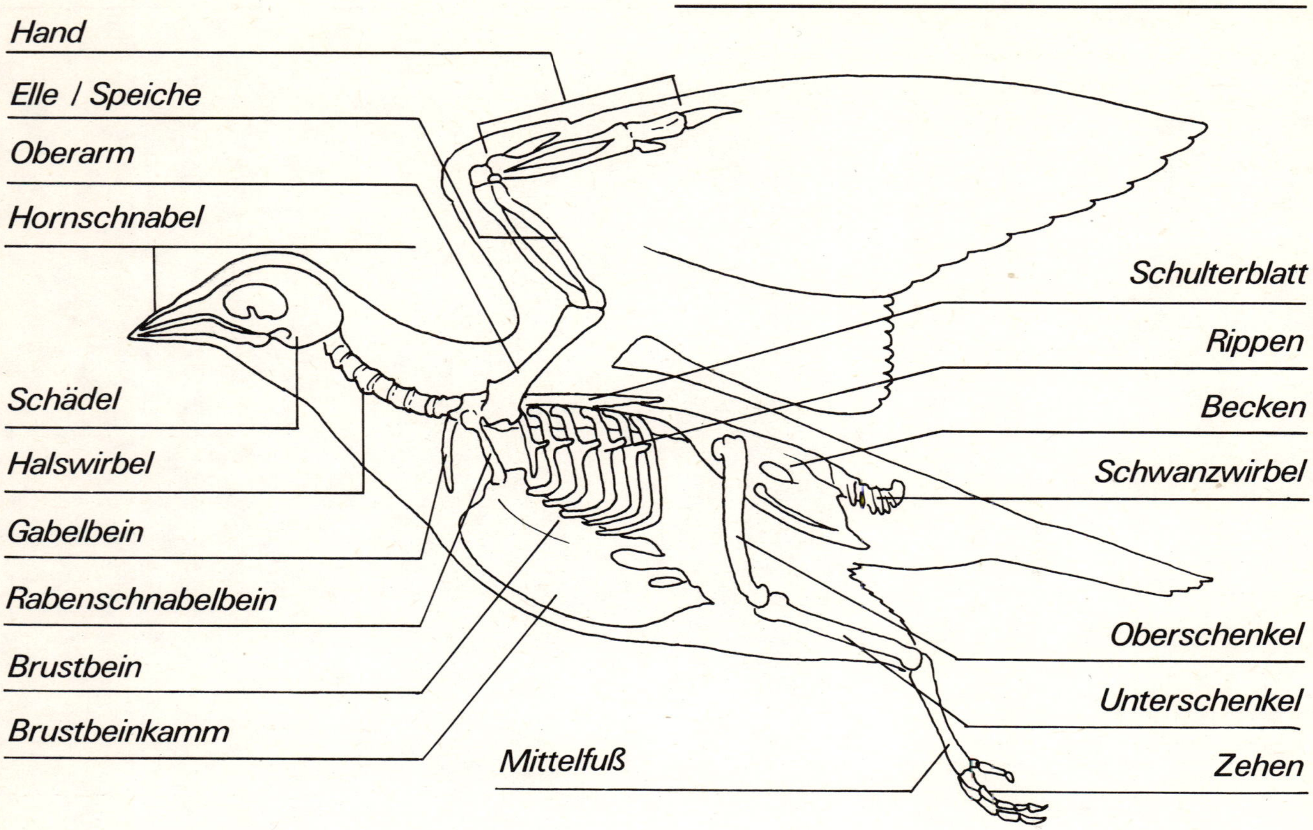

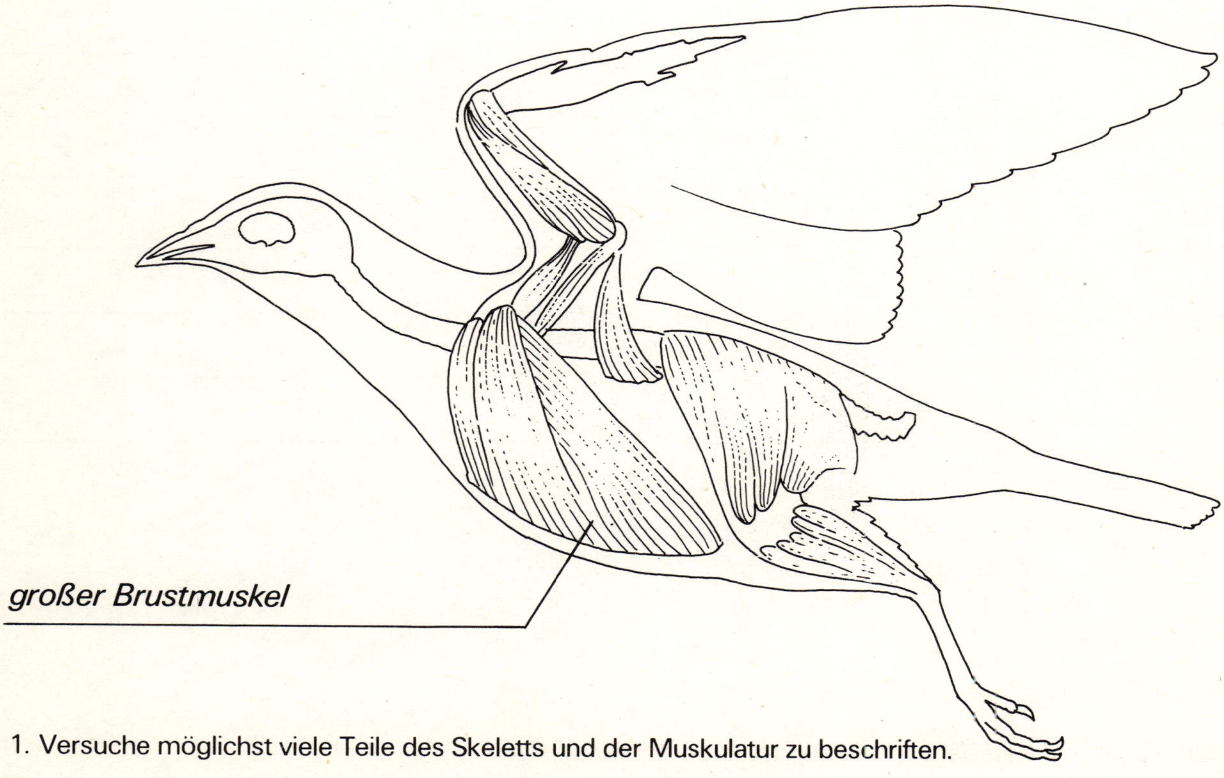

1. Versuche möglichst viele Teile des Skeletts und der Muskulatur zu beschriften.

2. Male die Muskulatur mit einem roten Farbstift aus.

ISBN 3-12-030910-9

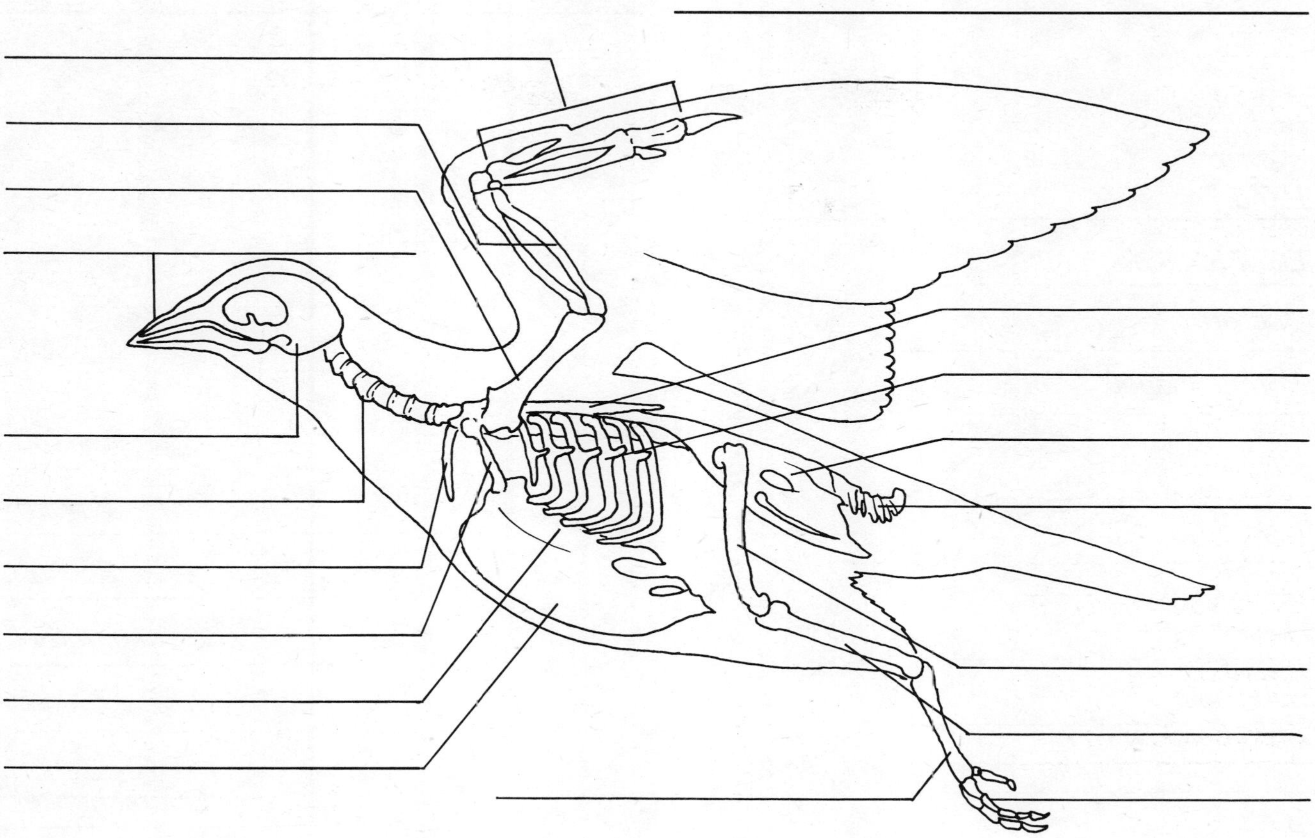

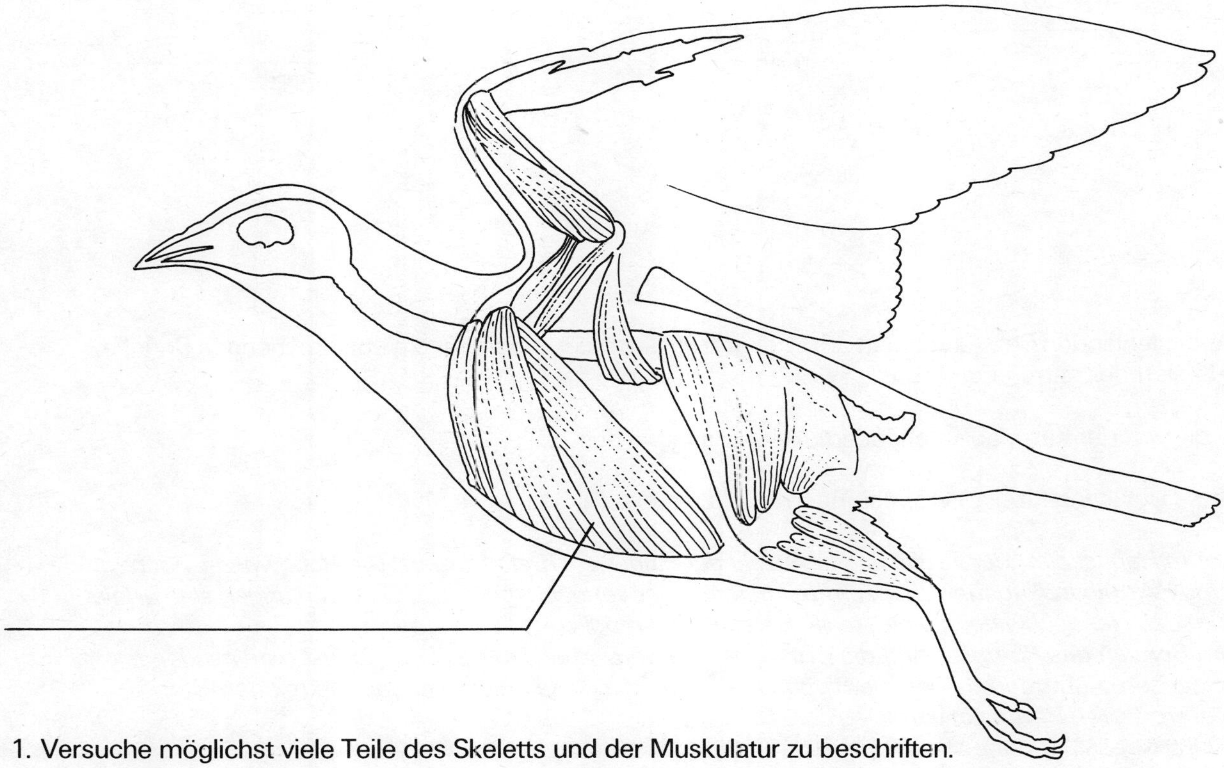

1. Versuche möglichst viele Teile des Skeletts und der Muskulatur zu beschriften.

2. Male die Muskulatur mit einem roten Farbstift aus.

 ISBN 3-12-030910-9

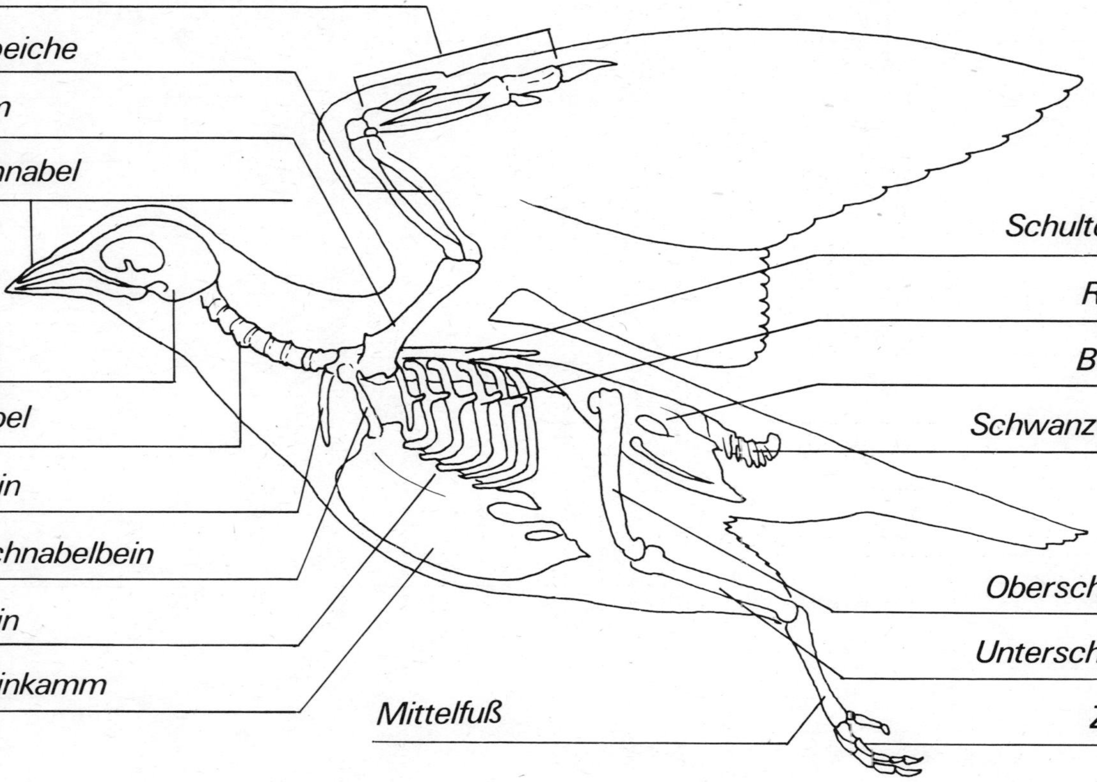

1. Trage die fehlenden Bezeichnungen am Skelett der Taube ein, indem du die entsprechenden Begriffe vom Skelett der Katze übernimmst.

2. Male die von der Katze abweichenden Skeletteile farbig aus.

3. Vermute Ursachen für die Veränderungen im Skelett der Taube.

Zu 3. Beim Handskelett der Taube ist die Anzahl der Finger auf drei reduziert. Die Handwurzelknochen und Mittelhandknochen sind zum Teil miteinander verwachsen. Diese Umwandlungen sind erfolgt, um den Handschwingen eine stabile Befestigungsmöglichkeit zu bieten.
Im Bereich des Rumpfes sind die Brust- und Lendenwirbel und das Becken fest miteinander verwachsen. Außerdem haben die Rippen Fortsätze, die diese untereinander und mit dem stark vergrößerten Brustbein verbinden.
Daraus resultiert eine starre und feste Rumpfkonstruktion, die als Widerlager für die Flügel dient. Das große Brustbein mit seinem Brustbeinkamm dient als Ansatzpunkt für die Flugmuskulatur. Gabelbein und Rabenschnabelbein dienen als Stütze für die Flügel.

 ISBN 3-12-030910-9

Vergleich der Skelette von Katze und Taube

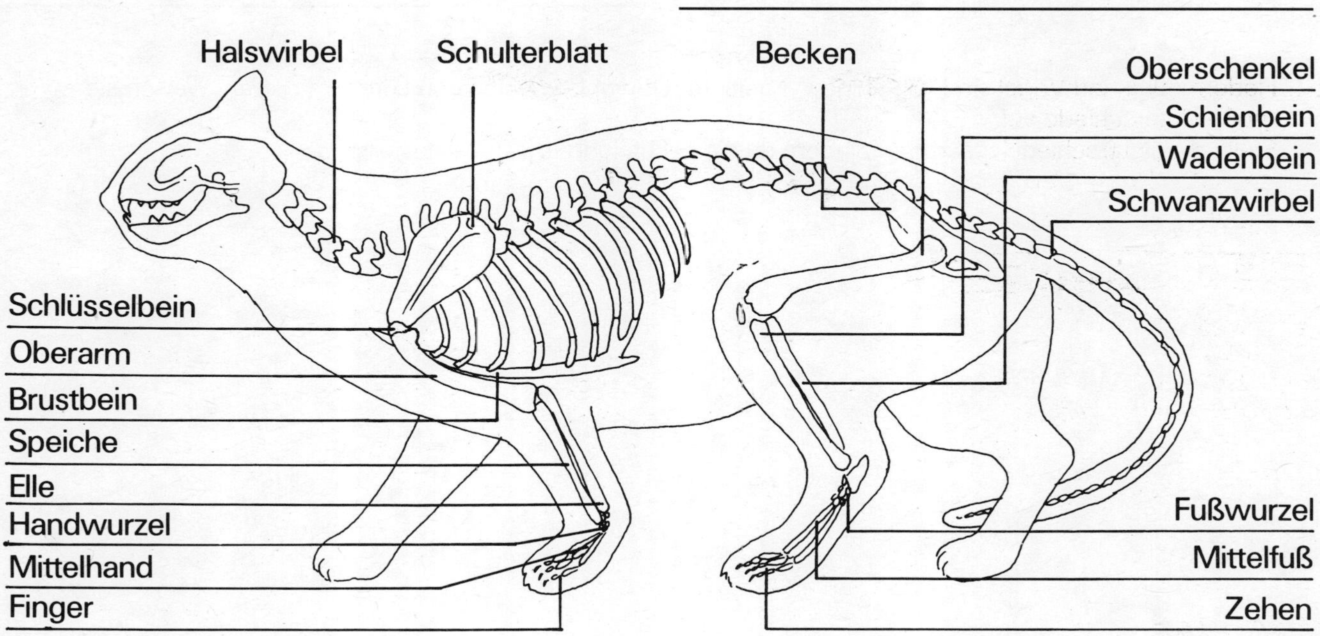

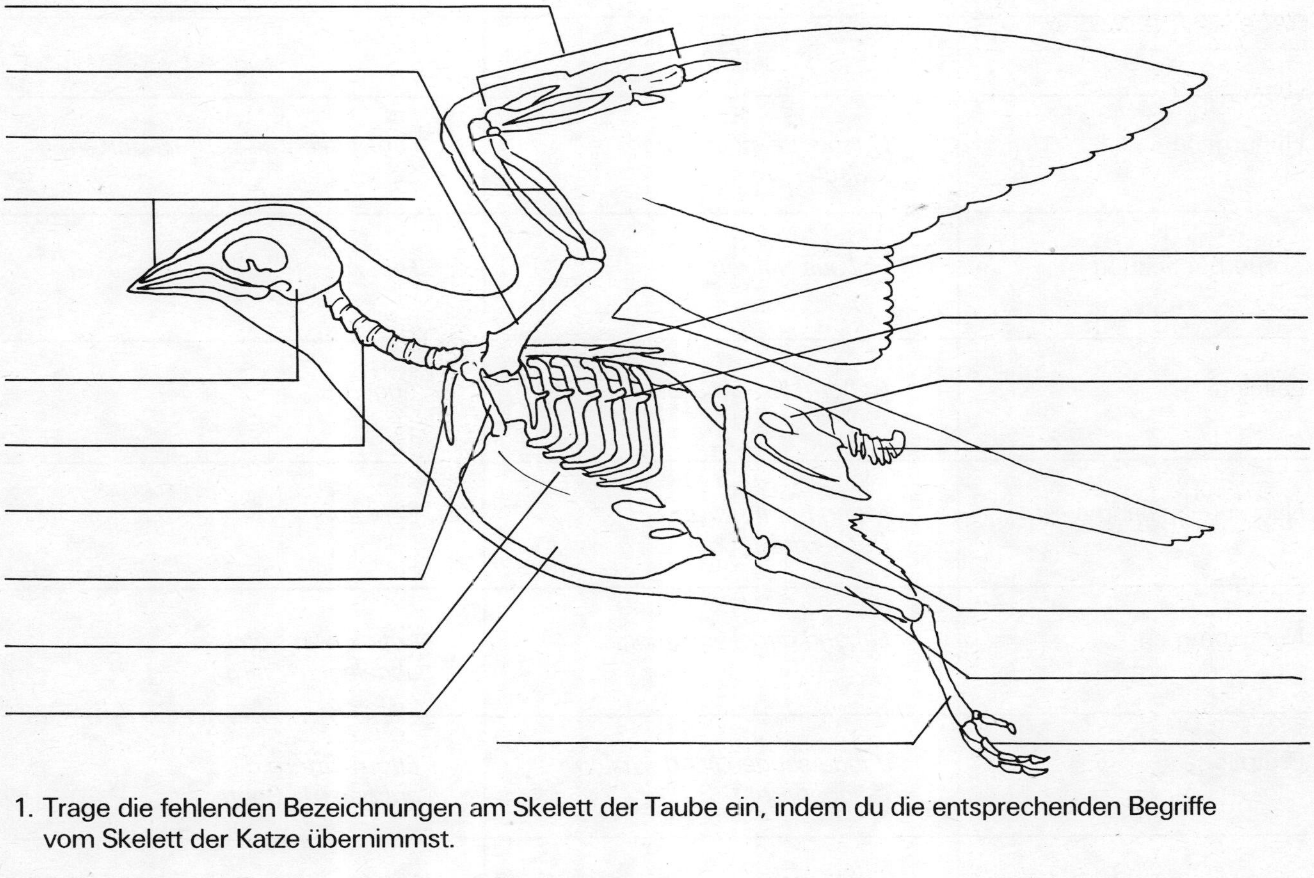

1. Trage die fehlenden Bezeichnungen am Skelett der Taube ein, indem du die entsprechenden Begriffe vom Skelett der Katze übernimmst.

2. Male die von der Katze abweichenden Skeletteile farbig aus.

3. Vermute Ursachen für die Veränderungen im Skelett der Taube.

 ISBN 3-12-030910-9

1. Fledermäuse und Vögel sind flugfähige Wirbeltiere. Obwohl sie beide den Luftraum nutzen, weisen sie große Unterschiede auf.
   Stelle die Unterschiede zusammen, indem du die nachfolgende Tabelle ausfüllst.

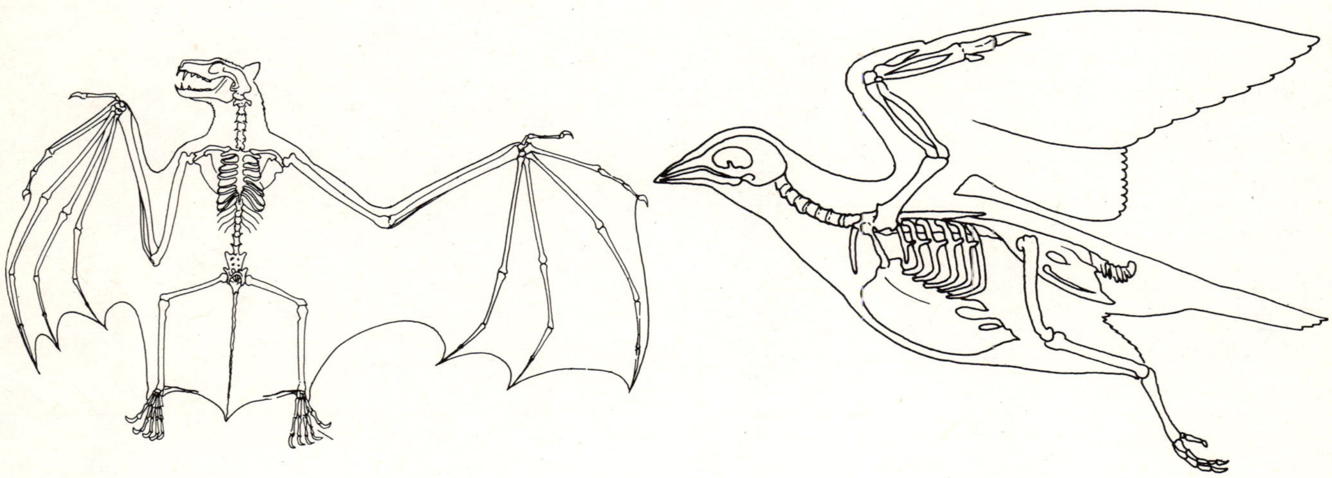

	Fledermaus	Vogel
Flugorgane	*Flughaut ausgespannt zwischen Knochen*	*Flügel mit großen, gefiederten Schwingen*
Körperbedeckung	*Fell aus Haaren*	*Federn*
Leitsinn	*Gehör (Ultraschallaute)*	*Augen*
Nahrungsaufnahme	*Mund mit Insekten-fressergebiß*	*Schnabel*
Nachkommen	*Lebend geborene Junge*	*entwickeln sich aus abgelegten Eiern*
Brutpflege	*Junge saugen Muttermilch (Säugetiere)*	*Eltern füttern die Jungen mit Beute*
Überwinterung	*Winterschlaf*	*Standvögel oder Teilzieher oder Zugvögel*

ISBN 3-12-030910-9

Vergleich von Fledermaus und Vogel

1. Fledermäuse und Vögel sind flugfähige Wirbeltiere. Obwohl sie beide den Luftraum nutzen, weisen sie große Unterschiede auf.
   Stelle die Unterschiede zusammen, indem du die nachfolgende Tabelle ausfüllst.

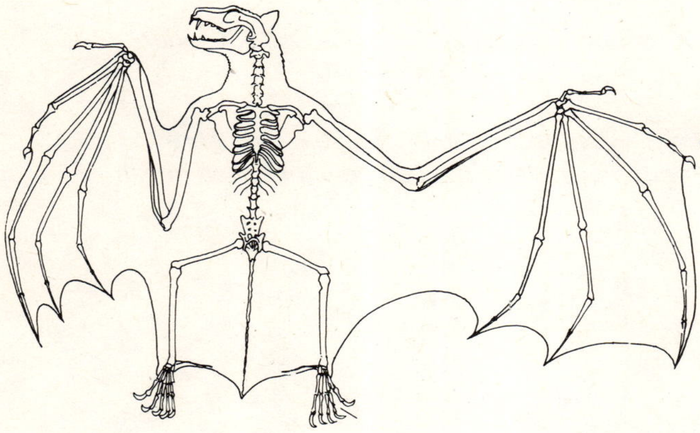

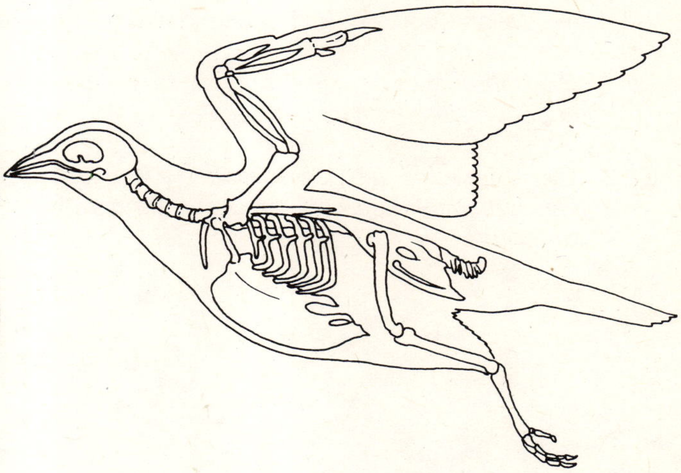

	Fledermaus	Vogel
Flugorgane		
Körperbedeckung		
Leitsinn		
Nahrungsaufnahme		
Nachkommen		
Brutpflege		
Überwinterung		

ISBN 3-12-030910-9

Knochenbau

1. Beschreibe anhand der abgebildeten Längsschnitte den inneren Aufbau eines Vogel- und eines Säugetierknochens.

2. Erkläre, welche Vorteile der Knochenbau der Vögel für den Flug bietet.

Zu 1. Die Röhrenknochen der Vögel sind im Gegensatz zu denen der Säugetiere hohl. Die Säugetierknochen sind mit Mark gefüllt.

Zu 2. Die Hohlräume der Vogelknochen verringern deren Gewicht, so daß die Vögel ein geringeres Gewicht in der Luft halten müssen. Innnere Verstrebungen in den Knochen gewährleisten deren Stabilität.

Lunge und Luftsäcke

3. Male die Luftsäcke in der Abbildung mit blauem Farbstift aus.

4. Beschreibe in deinem Heft den Bau des Atmungssystems der Vögel. Welche Aufgaben haben die Luftsäcke?

Zu 4. Die Lunge der Vögel besteht aus einem Röhrensystem. Die Bronchien zweigen sich in die Lungenpfeifen auf, die sich in ein Flechtwerk feinster Luftkapillaren aufgliedern. Hier erfolgt der Gasaustausch mit dem Blut. Zusätzlich besitzen die Vögel große Luftsäcke, die sich zwischen den Eingeweiden, den Muskeln und bis in die großen Knochen erstrecken. Durch dieses System können die Vögel sehr viel mehr Luft zum Gasaustausch aufnehmen, als in die kleine Lunge paßt, und der Körper wird zusätzlich durch die Atemluft gekühlt.

Einige Standard-Vergleiche der Atmung von Vogel und Säugetier bezogen auf 1 kg Körpermasse (nach SCHMIDT- NIELSEN)

	Vogel	Säuger
Lungenvolumen (ml)	29,6	53,5
Volumen der Trachea (ml)	3,7	0,9
Volumen der Luftsäcke (ml)	127,5	–
Gesamtvolumen des respiratorischen Systems (ml)	160,8	54,4
Volumen pro Atemzug (ml)	13,2	7,7
Atemfrequenz (min^{-1})	17,2	53,5
Ventilationsvolumen (ml / min)	284,0	379,0

 ISBN 3-12-030910-9

Knochenbau

1. Beschreibe anhand der abgebildeten Längsschnitte den inneren Aufbau eines Vogel- und eines Säugetierknochens.

2. Erkläre, welche Vorteile der Knochenbau der Vögel für den Flug bietet.

Knochen eines Vogels (Längsschnitt)

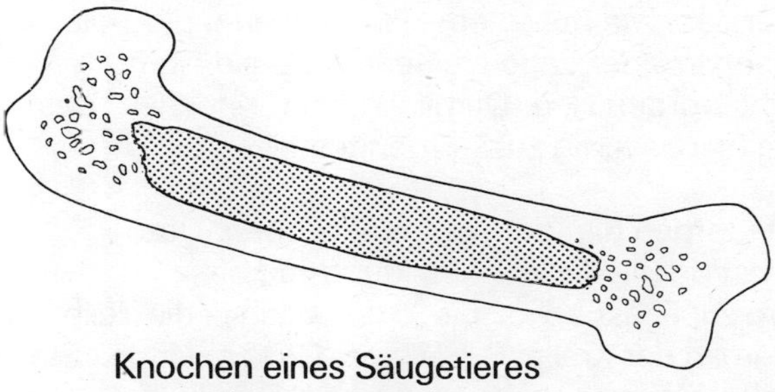

Knochen eines Säugetieres (Längsschnitt)

Lunge und Luftsäcke

3. Male die Luftsäcke in der Abbildung mit blauem Farbstift aus.

4. Beschreibe in deinem Heft den Bau des Atmungssystems der Vögel. Welche Aufgaben haben die Luftsäcke?

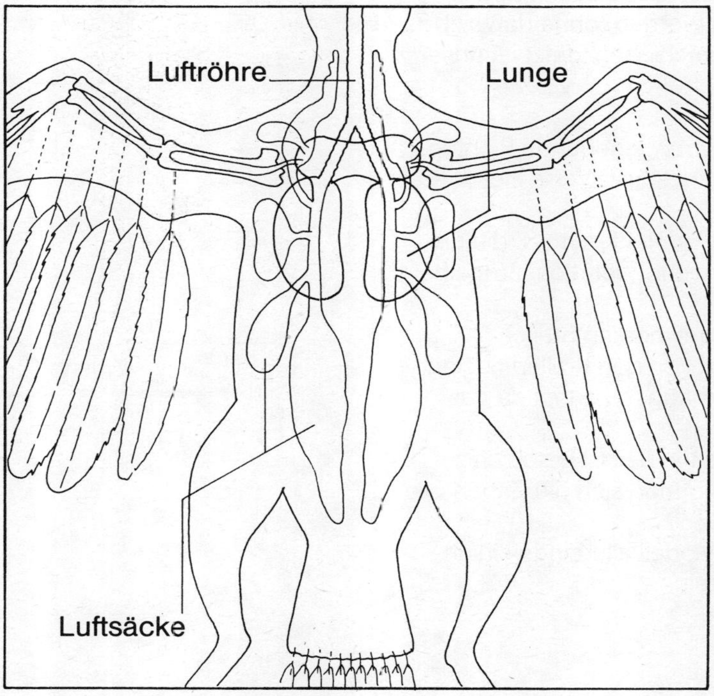

 ISBN 3-12-030910-9

Schneide den Bastelbogen an der gestrichelten Linie auseinander und klebe den Teil I sorgfältig auf festen Pappkarton. Schneide nun die Teile A bis H aus.
Von Teil II werden alle Teile A+ bis H+ ausgeschnitten, allerdings ohne vorher mit Pappe verstärkt zu sein. Diese Teile klebst du auf die Rückseiten der entsprechenden Teile A bis H. Achte auf die richtige Orientierung! Die überstehenden Laschen 1 bis 6 werden umgeklebt. Dabei entstehen Ösen. Sie müssen mindestens so groß sein, daß sich eine Schnur leicht hindurchziehen läßt.
An allen Stellen, die mit "⊗" markiert sind, werden die Teile gelocht. Durch diese Öffnungen schiebst du nun die Rundkopfklammern und heftest alle Teile in der angegebenen Weise zusammen (vgl. Abbildung). Die Klammern dürfen nicht zu fest umgebogen werden, weil sich die einzelnen Teile bewegen lassen müssen! Allerdings darf das Ganze auch nicht so locker sein wie bei einem Hampelmann; die Teile müssen in jeder Lage bleiben, in die sie einmal gebracht worden sind. Damit sind die "Knochen" des Vogelbeines fertig zusammengestellt.

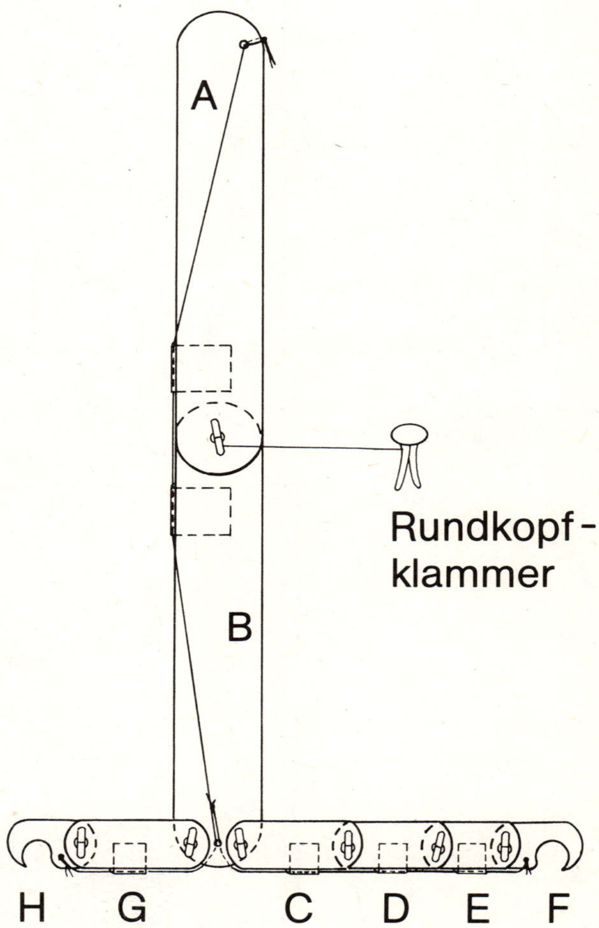

Jetzt werden die "Sehnen" eingezogen. Dazu nimmst du wieder die Abbildung zu Hilfe.
Bohre zunächst bei a bis d ein Loch in die Teile. Befestige an der Kralle F bei a ein 20 cm langes Stück Schnur. Ziehe es durch die Ösen der Teile E, D, C und G. Das zweite Ende wird an der Kralle H bei b verknotet. Die Schnur wird dabei nicht festgezogen.
Sie muß so lang bleiben, daß sie sich als Schlaufe durch die Öffnung c im Teil B ziehen läßt. Ein zweites Stück Schnur wird mit dieser Schlaufe fest verknotet.

Lege deinen Vogelfuß nun ausgestreckt wie auf der Abbildung hin und ziehe die Schnur durch die Ösen der Teile A und B. Ihr Ende wird dann bei d am Teil A verknotet. Dabei müssen alle Abschnitte der Schnur stramm gezogen werden, ohne daß sich Teile schon gegeneinander verschieben. Jetzt ist unser Modell fertig.

Bewege den Teil A in der angegebenen Richtung (Pfeil) und beschreibe, in welcher Weise sich die Zehen verändern.
Überlege, wie eine Sehne verlaufen muß, die die Bewegung rückgängig macht, wenn das Vogelbein wieder gestreckt wird.
Wenn du an den gekennzeichneten Stellen "X" Papierösen anbringst und von den Krallen aus entsprechende "Sehnen" anbringst, kannst du das Vogelbein richtig bewegen.
Der Vogelfuß krallt sich dann beim Hinsetzen zusammen, beim Strecken öffnen sich die Zehen wieder.
Du brauchst für dieses Modell allerdings einige Geduld und Fingerfertigkeit.

Viel Spaß beim Basteln!

 ISBN 3-12-030910-9

Wir basteln ein Modell des Vogelfußes: Schnittbogen 6

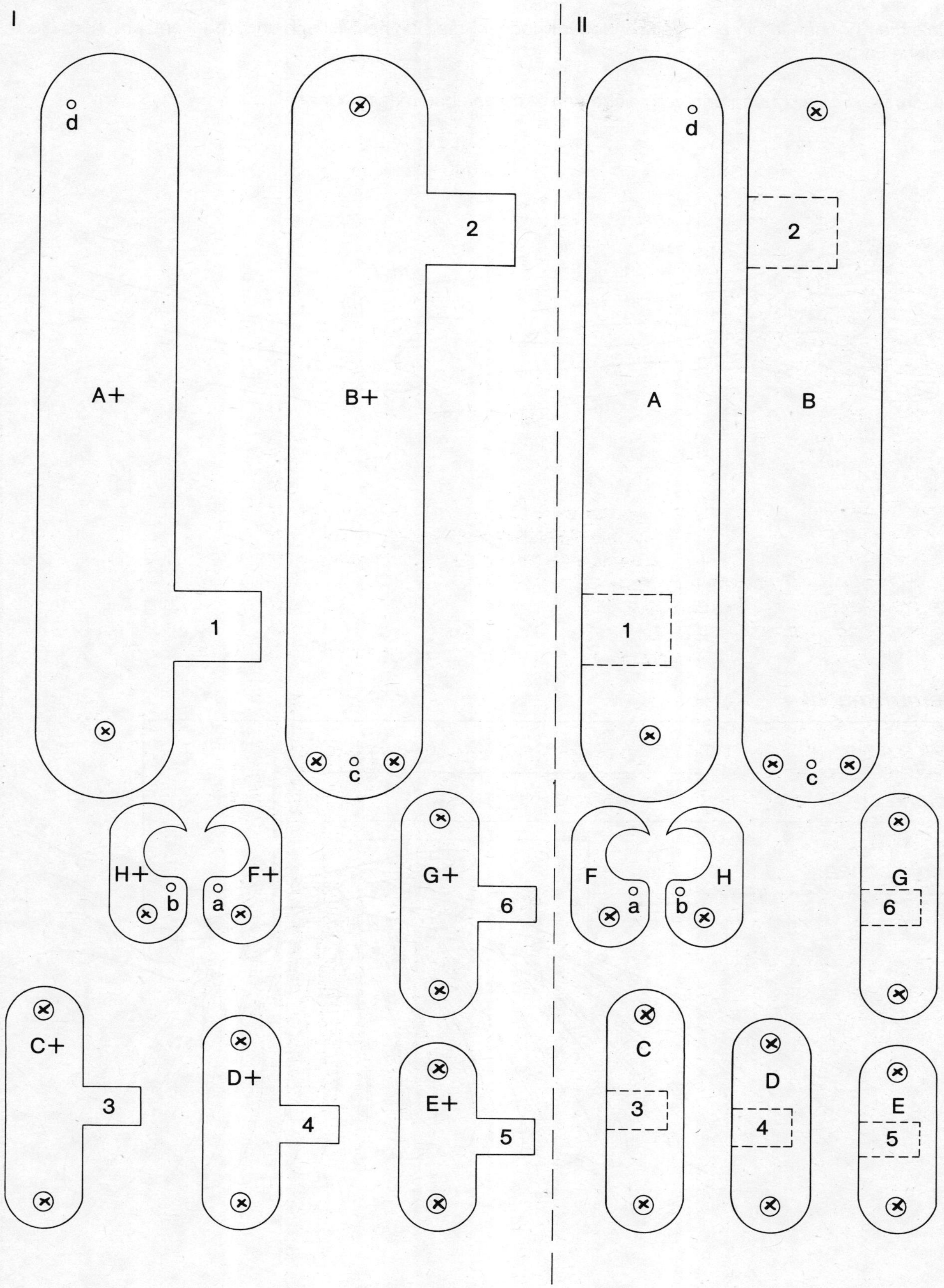

ISBN 3-12-030910-9

1. Male die Knochen farbig aus. Verwende für Knochen, die sich bei Mensch und Vogel entsprechen, die gleiche Farbe.

2. Beschrifte die Zeichnung und vergleiche den Skelettaufbau miteinander.

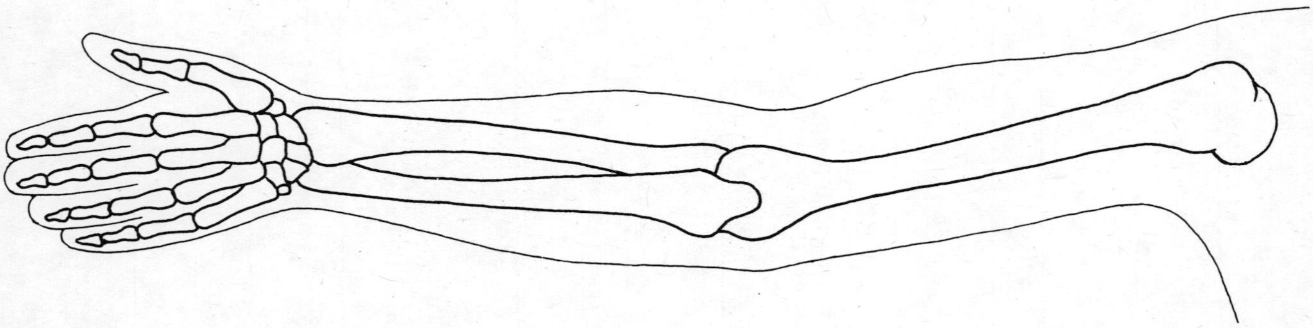

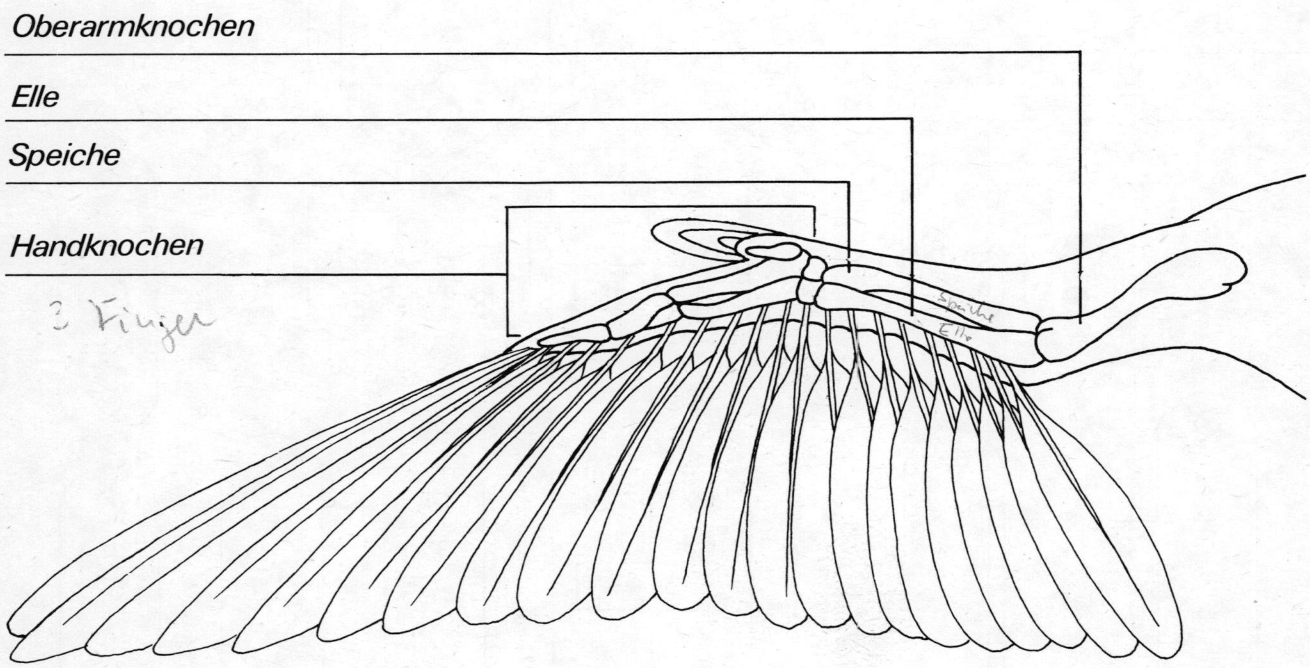

ISBN 3-12-030910-9

Vergleich Arm des Menschen – Vogelflügel

1. Male die Knochen farbig aus. Verwende für Knochen, die sich bei Mensch und Vogel entsprechen, die gleiche Farbe.

2. Beschrifte die Zeichnung und vergleiche den Skelettaufbau miteinander.

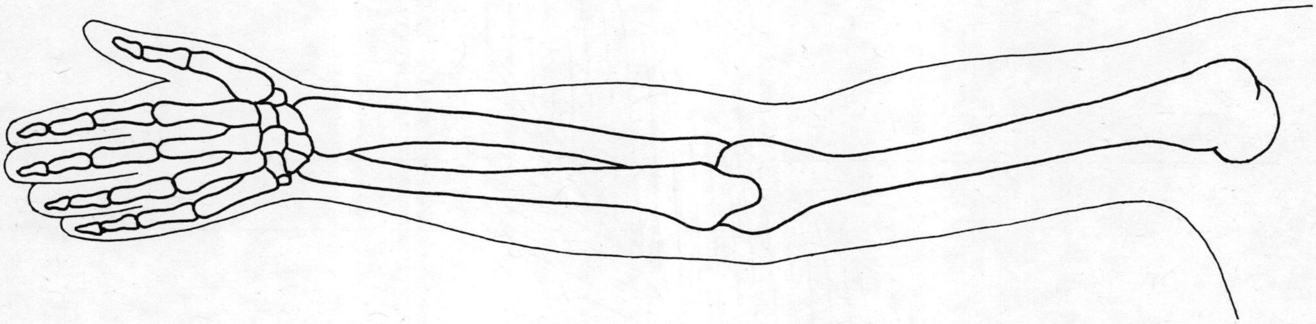

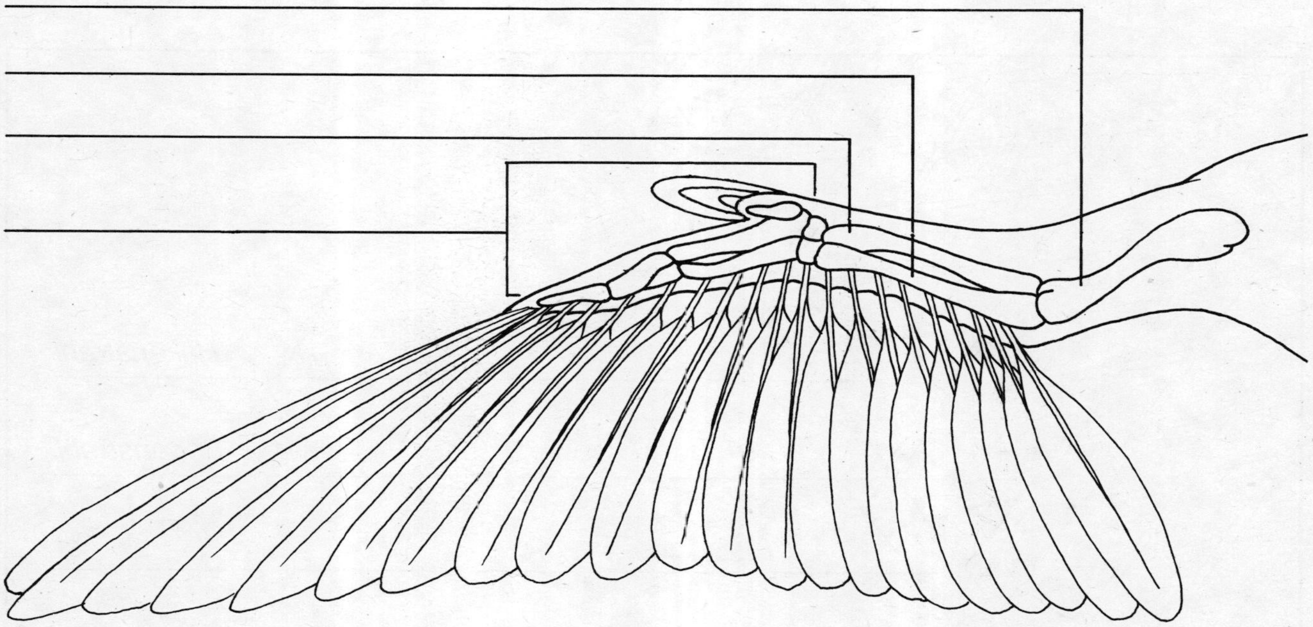

ISBN 3-12-030910-9

1. Beschrifte die Teile der Schwungfeder.

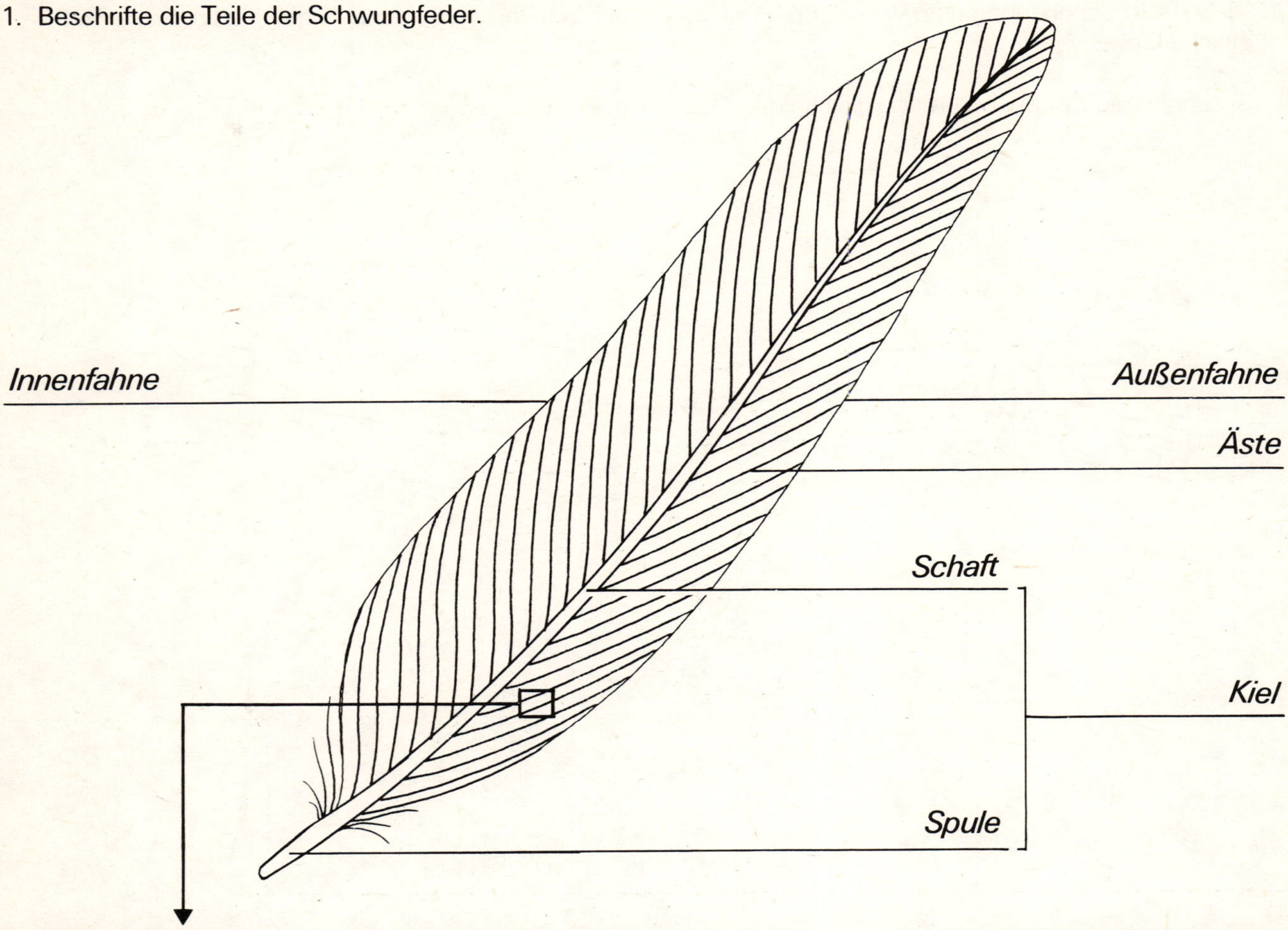

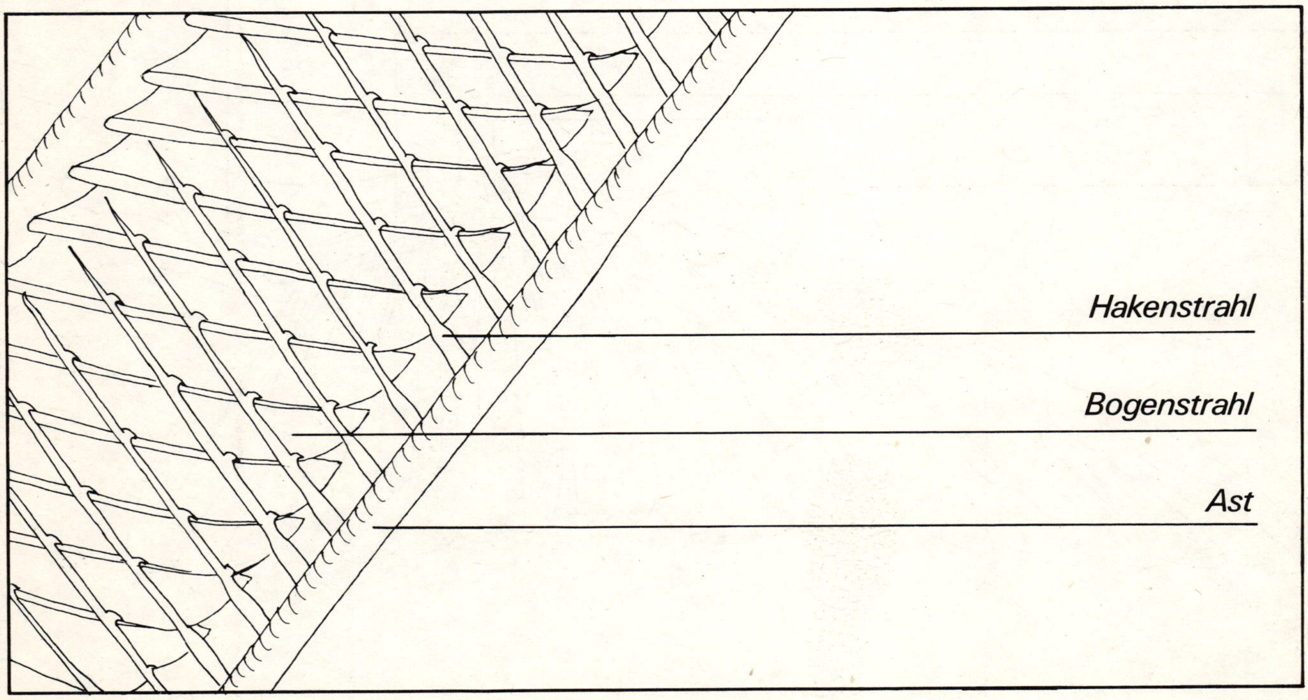

 ISBN 3-12-030910-9

1. Beschrifte die Teile der Schwungfeder.

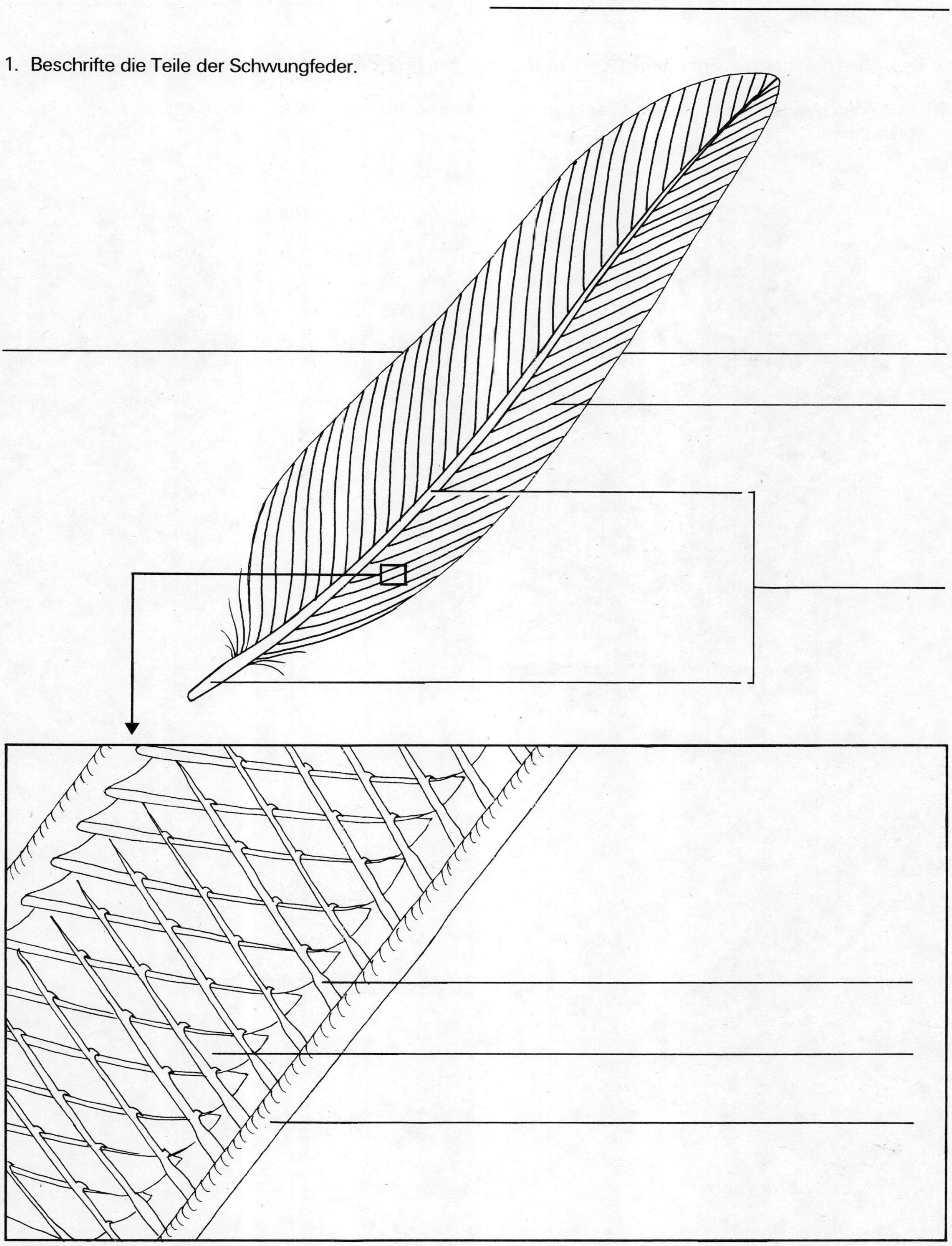

ISBN 3-12-030910-9

1. Bezeichne die verschiedenen Federtypen mit den richtigen Begriffen. Beschrifte!

2. Ordne durch einen Bezugsstrich die Federtypen den jeweiligen Körperteilen zu, auf denen sie vorkommen.

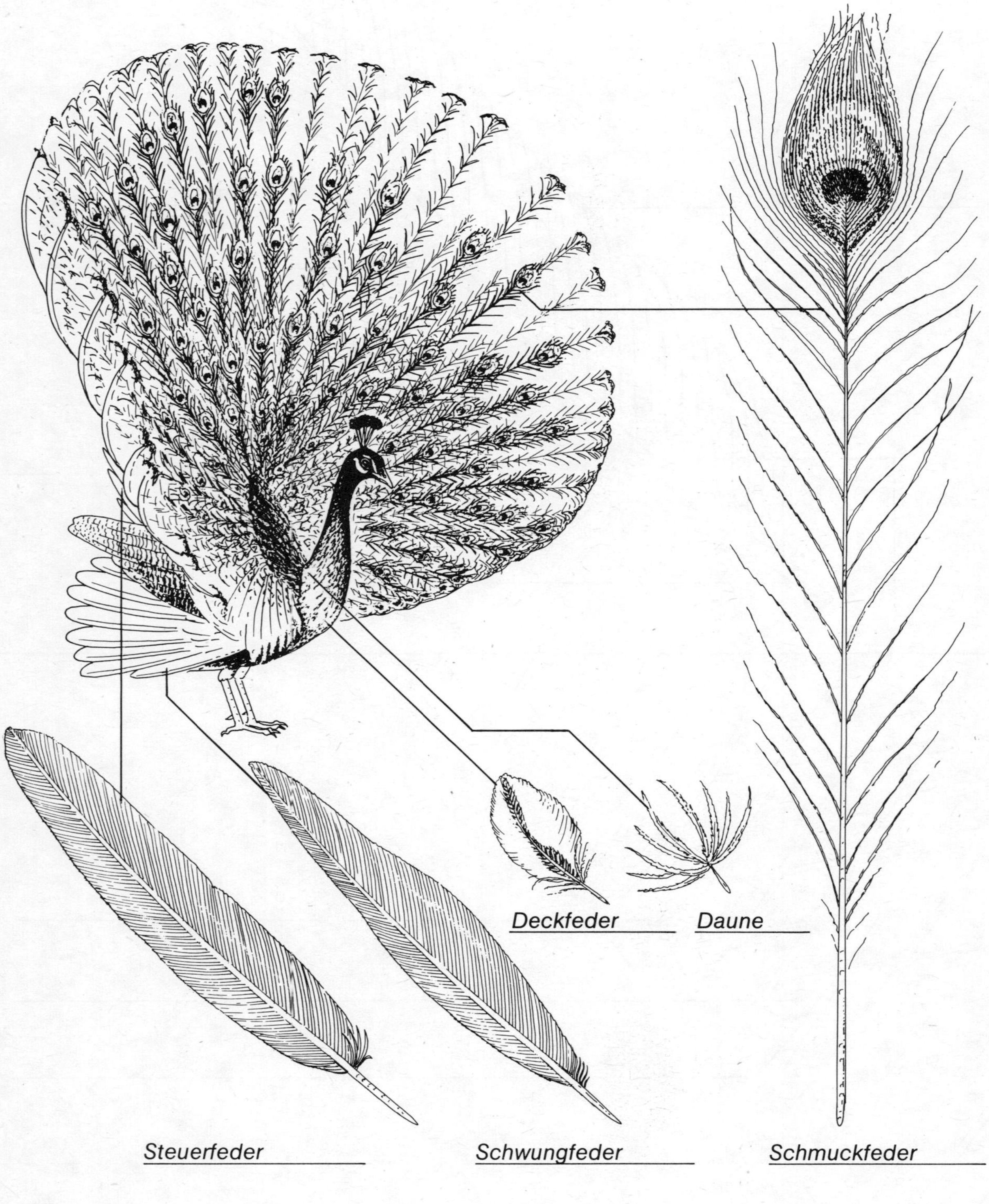

ISBN 3-12-030910-9

1. Bezeichne die verschiedenen Federtypen mit den richtigen Begriffen. Beschrifte!
2. Ordne durch einen Bezugsstrich die Federtypen den jeweiligen Körperteilen zu, auf denen sie vorkommen.

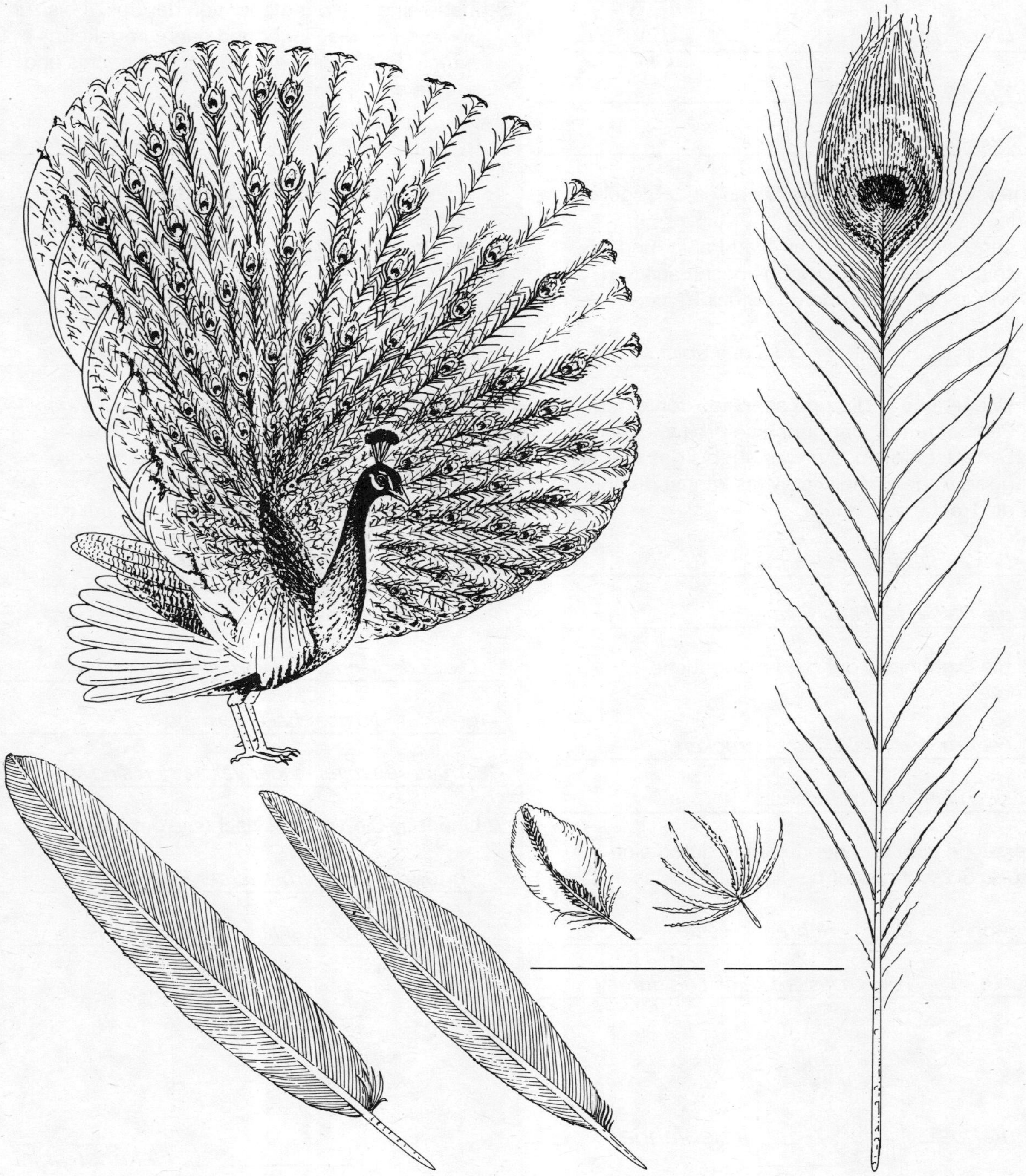

ISBN 3-12-030910-9

1. Gib die Bedeutung der Federn für die Vögel an.

   – isolieren den Körper,

   – verkleiden stromlinienförmig,

   – bilden die Flügel,

   – stoßen Wasser ab,

   – sind Kennzeichen der Vögel.

2. Untersuche Gewicht und Fläche einer Vogelfeder:

   a) Lege eine Feder auf ein Blatt Papier und zeichne den Umriß. Schneide ihn aus und wiege die Feder und das Stück Papier.

   Ergebnis: *Steuerfeder 0,13 g, Papier 0,255 g*

   b) Wiege eine Feder und schneide von einem Papierstreifen, der genau so breit wie die Feder ist, so lange etwas ab, bis das Gleichgewicht hergestellt ist. Was kannst du über die Fläche aussagen?

   Der Papierstreifen hat nur die Hälfte der Federfläche.

Fasse die Ergebnisse der beiden Versuche zusammen:

Federn sind leicht. Sie erstrecken sich über große Flächen.

3. Versuche eine brennende Kerze durch eine große Schwungfeder hindurch auszublasen.

   Ergebnis: *Die Kerze brennt weiter.*

   Deute: *Federn lassen keine Luft durch.*

4. Verbrenne Federn, Haare, Wolle. Beschreibe den Geruch.

   Es riecht nach Horn.

5. Ziehe eine Schwungfeder von der Spitze bis zur Spule durch die Finger und dann umgekehrt zurück. Beschreibe das Versuchsergebnis und erkläre es.

   Beschreibung: *Die Äste der Fahnen weichen auseinander, bei der Rückwärtsbewegung wird die Fahnenfläche wieder geschlossen.*

   Erklärung: *Bleibt der Vogel an einem Hindernis hängen, geben die Äste nach. Beim Ordnen des Gefieders mit dem Schnabel wird die Fahnenfläche wieder geschlossen.*

6. Untersuche, wie eine Vogelfeder gebaut ist: Unterbrich durch vorsichtiges Auseinanderreißen die geschlossene Fahnenfläche. Betrachte an der Rißstelle die Fahnenäste mit einer guten Lupe. Was kannst du erkennen?

   Die Federfläche wird von feinen Strahlen gebildet, die über hakenförmige Strukturen miteinander verbunden sind.

7. Überlege die Vor- und Nachteile der Mauser.

   Vorteile: *Ersatz verbrauchter Federn.*

   Nachteile: *Einschränkung der Flugfähigkeit.*

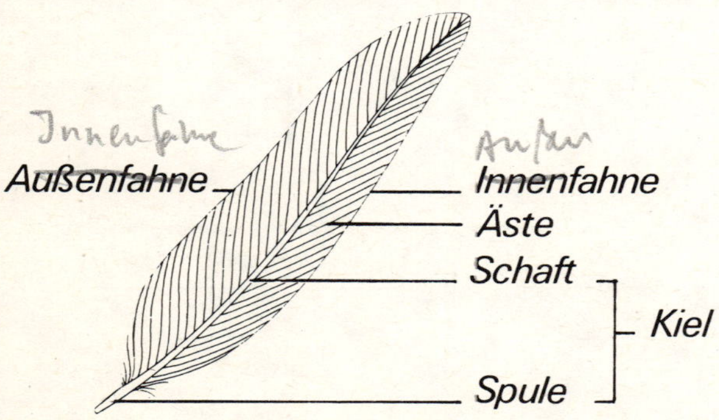

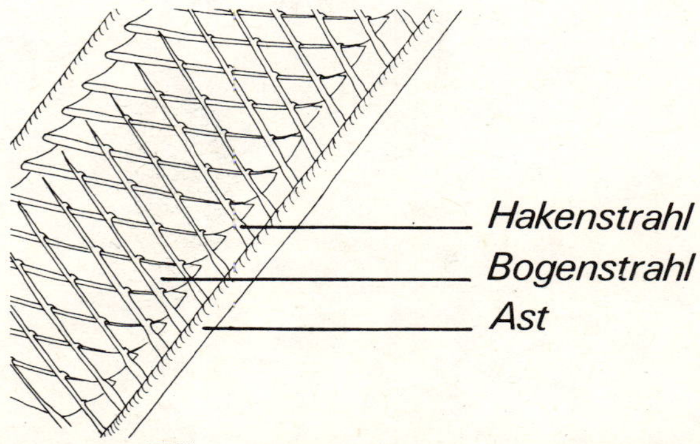

 ISBN 3-12-030910-9

1. Gib die Bedeutung der Federn für die Vögel an.

–

–

–

–

–

2. Untersuche Gewicht und Fläche einer Vogelfeder:
   a) Lege eine Feder auf ein Blatt Papier und zeichne den Umriß. Schneide ihn aus und wiege die Feder und das Stück Papier.

   Ergebnis:

   b) Wiege eine Feder und schneide von einem Papierstreifen, der genau so breit wie die Feder ist, so lange etwas ab, bis das Gleichgewicht hergestellt ist. Was kannst du über die Fläche aussagen?

Fasse die Ergebnisse der beiden Versuche zusammen:

3. Versuche eine brennende Kerze durch eine große Schwungfeder hindurch auszublasen.

   Ergebnis:

   Deute:

4. Verbrenne Federn, Haare, Wolle. Beschreibe den Geruch.

5. Ziehe eine Schwungfeder von der Spitze bis zur Spule durch die Finger und dann umgekehrt zurück. Beschreibe das Versuchsergebnis und erkläre es.

   Beschreibung:

   Erklärung:

6. Untersuche, wie eine Vogelfeder gebaut ist: Unterbrich durch vorsichtiges Auseinanderreißen die geschlossene Fahnenfläche. Betrachte an der Rißstelle die Fahnenäste mit einer guten Lupe. Was kannst du erkennen?

7. Überlege die Vor-und Nachteile der Mauser.

   Vorteile:

   Nachteile:

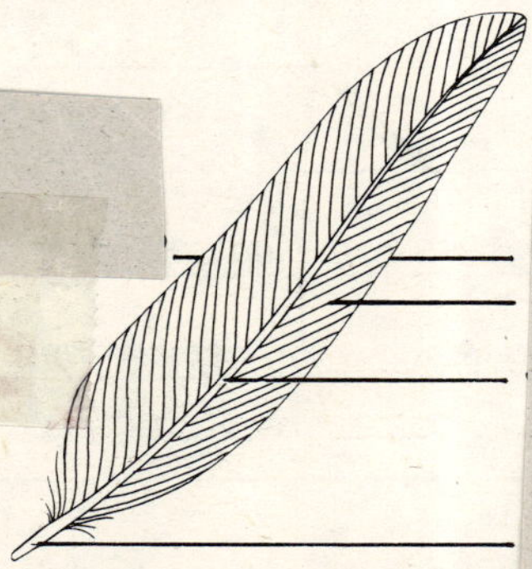

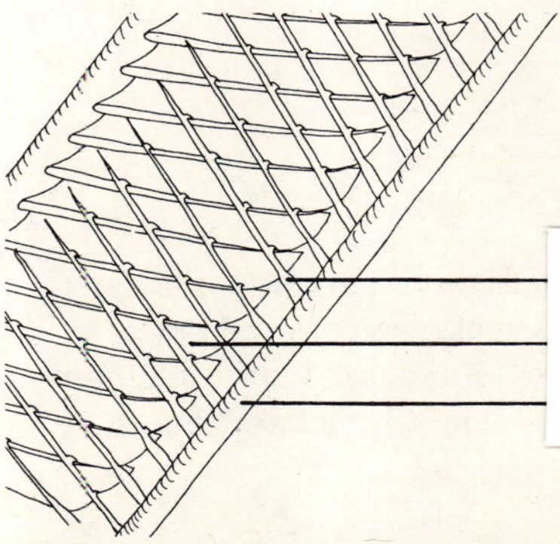

 ISBN 3-12-030910-9

Der Weißstorch kann, wie viele Vogelarten, scheinbar mühelos segeln. Diese Vögel halten sich lange Zeit ohne einen Flügelschlag in der Luft und gewinnen dabei sogar noch an Höhe. Beim Vogelzug ziehen Weißstörche vom Sommerquartier in Osteuropa zum Winterquartier nach Südafrika 10 000 km weit. Wanderfalken halten bei Vögeln im Sturzflug mit 270 km/h den Geschwindigkeitsrekord.

Problemfragen:
Welche Anpassung zeigt der Vogelkörper an den Flug? Welche Kräfte wirken beim Vogelflug?
Zu diesen Fragen sollen einfache Experimente durchgeführt werden.

1. Gib die Eigenschaften an, die ein flugfähiger Gegenstand deiner Meinung nach besitzen muß.

Ein starrer Rumpf, Tragflächen,
Steuereinrichtungen, Stromlinienform,
Leichtbauweise, einen Antrieb
Energiequellen für den Antrieb

2. Halte eine Postkarte oder ein Blatt Papier nach vorne leicht durchhängend über dein Biologiebuch vor den Mund. Blase kräftig über das Papier. Beschreibe das Versuchsergebnis und erkläre es.

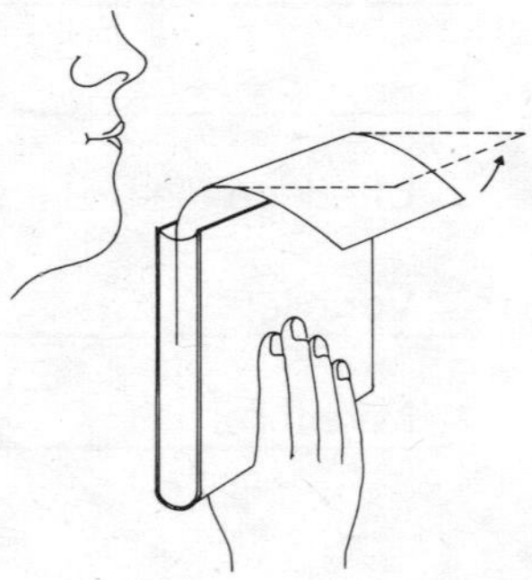

Versuchsergebnis:

Die darüberströmende Luft hebt das Blatt an.

Deutung des Versuches:

Die über das Blatt strömende Luft saugt das Blatt nach oben.

3. Befestige einen Vogelbalg mit ausgebreiteten Flügeln oder einen Balsaholzgleiter auf einer Briefwaage. Blase die Flügel von vorn mit einem Fön an. Berichte über das Versuchsergebnis.

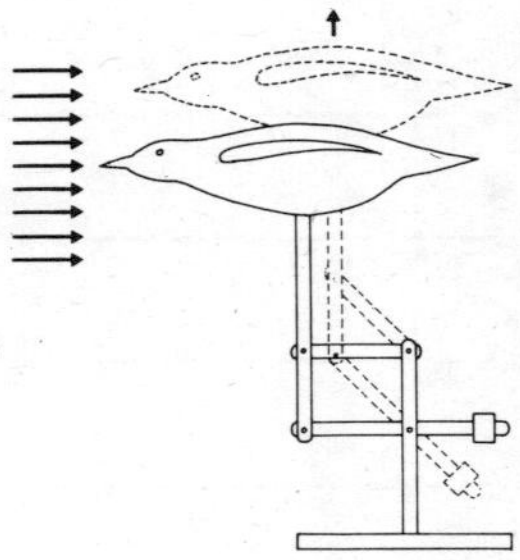

Versuchsergebnis:

Der Vogelbalg wird angehoben, und die Briefwaage zeigt ein geringeres Gewicht an.

Deute das Ergebnis:

Die Flügel sind im Querschnitt gewölbt, dadurch strömt die Luft schneller über die Flügeloberseite, d.h. der Flügel wird nach oben gezogen. Auf der Flügelunterseite ist die Strecke kürzer, deshalb strömt die Luft langsamer und drückt den Flügel nach oben.

4. Laß eine Kerze unter einer engen Glasröhre brennen. Gib über der Flamme eine kleine Daunenfeder von unten in die Glasröhre. Berichte über das Ergebnis.

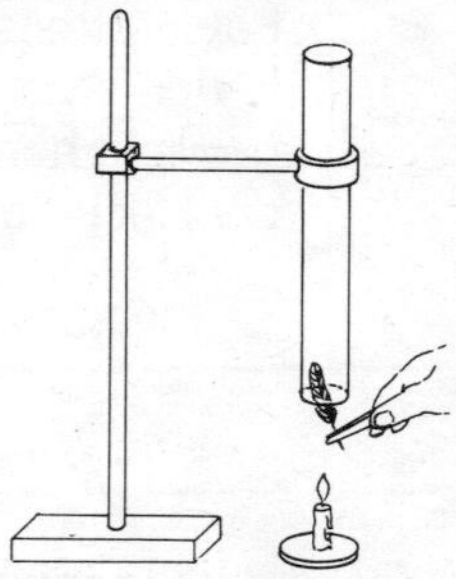

In der aufsteigenden Warmluft über der Kerze werden die Daunenfedern nach oben getragen.

5. Erkläre mit dem Versuchsergebnis das Aufsteigen des Mäusebussards (s. Abbildung).

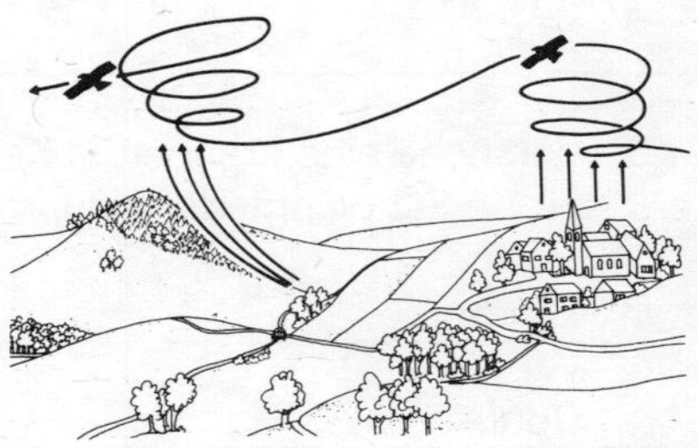

Der Mäusebussard wird über den von der Sonne erwärmten Hängen in der aufsteigenden Warmluft (Thermik) im Segelflug nach oben getragen, wie die Daunenfedern in der warmen Luft über der Kerze.

ISBN 3-12-030910-9

Der Weißstorch kann, wie viele Vogelarten, scheinbar mühelos segeln. Diese Vögel halten sich lange Zeit ohne einen Flügelschlag in der Luft und gewinnen dabei sogar noch an Höhe. Beim Vogelzug ziehen Weißstörche vom Sommerquartier in Osteuropa zum Winterquartier nach Südafrika 10 000 km weit. Wanderfalken halten bei Vögeln im Sturzflug mit 270 km/h den Geschwindigkeitsrekord.

Problemfragen:
Welche Anpassung zeigt der Vogelkörper an den Flug? Welche Kräfte wirken beim Vogelflug?
Zu diesen Fragen sollen einfache Experimente durchgeführt werden.

1. Gib die Eigenschaften an, die ein flugfähiger Gegenstand deiner Meinung nach besitzen muß.

2. Halte eine Postkarte oder ein Blatt Papier nach vorne leicht durchhängend über dein Biologiebuch vor den Mund. Blase kräftig über das Papier. Beschreibe das Versuchsergebnis und erkläre es.

Versuchsergebnis:

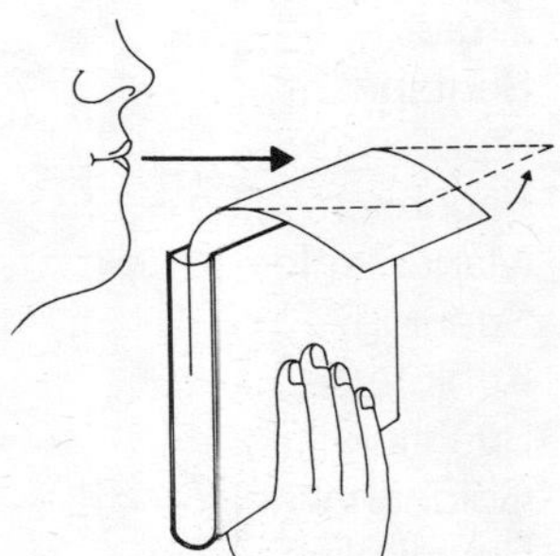

Deutung des Versuches:

3. Befestige einen Vogelbalg mit ausgebreiteten Flügeln oder einen Balsaholzgleiter auf einer Briefwaage. Blase die Flügel von vorn mit einem Fön an. Berichte über das Versuchsergebnis.

Versuchsergebnis:

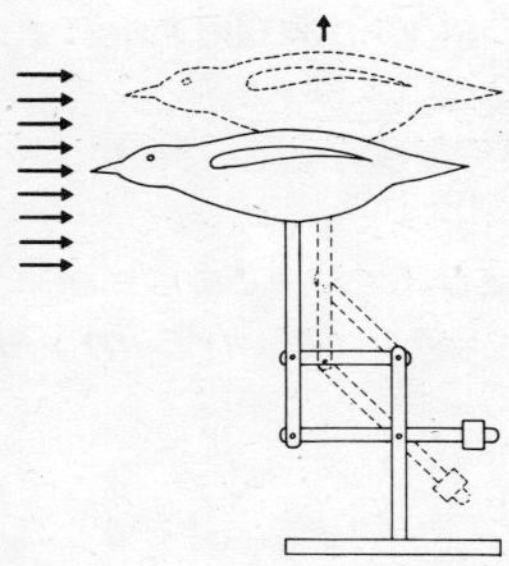

Deute das Ergebnis:

4. Laß eine Kerze unter einer engen Glasröhre brennen. Gib über der Flamme eine kleine Daunenfeder von unten in die Glasröhre. Berichte über das Ergebnis.

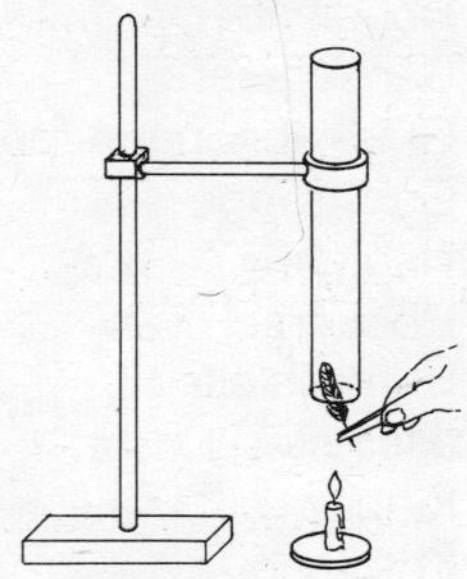

5. Erkläre mit dem Versuchsergebnis das Aufsteigen des Mäusebussards (s. Abbildung).

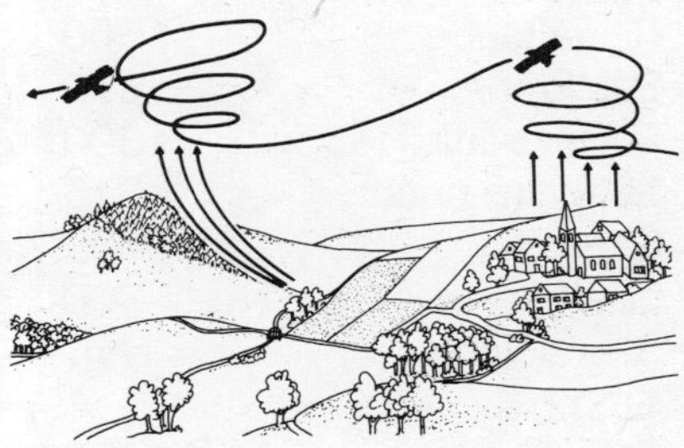

ISBN 3-12-030910-9

Wissenschaftler haben den Gleitflug von drei Vogelarten untersucht. Sie haben die längste Gleitstrecke bei Windstille nach zehn Metern Höhenverlust ermittelt.

1. Vermutet die Ursachen der unterschiedlich langen Gleitflugstrecken.

Zu 1. Die Länge der Gleitflugstrecke von Vögeln ist abhängig von der Flügelfläche, die den Auftrieb bewirkt, im Verhältnis zum Gewicht, das den Vogel wegen der Schwerkraft zu Boden zieht.

Natura S. 136/137

Gewicht und Spannweite einiger Vögel

Art	Gewicht bis	Spannweite bis
Albatros	8 kg	320 cm (!)
Auerhahn	6 kg	130 cm
Baßtölpel	3 kg	180 cm
Blaumeise	12 g	20 cm
Brachvogel	600 g	100 cm
Buntspecht	95 g	48 cm
Eichelhäher	195 g	35 cm
Gänsegeier	8,2 kg	240 cm
Goldhähnchen	4 g	16 cm
Großtrappe	22 kg	240 cm
Habicht	2 kg	118 cm
Höckerschwan	22,5 kg	260 cm
Hummelelfe (kleinster) Kolibri	1,6 g (!)	7,5 cm (!)
Kiebitz	200 g	70 cm
Kolkrabe	1250 g	125 cm
Kondor	11,3 kg	290 cm
Mäusebussard	1,2 kg	140 cm
Mantelmöwe	2,2 kg	175 cm
Mauersegler	43 g	35 cm
Ringeltaube	500 g	75 cm
Saatkrähe	670 g	90 cm
Schleiereule	300 g	95 cm
Schwarzspecht	315 g	75 cm
Seeadler	6,7 kg	255 cm
Sperber	300 g	76 cm
Steinadler	6 kg	230 cm
Storch	4,4 kg	220 cm
Strauß	150 kg (!)	
Uhu	3,2 kg	170 cm
Waldkauz	500 g	100 cm
Zwergwachtel	45 g	

Fläche von Vogelflügeln

Art	Fläche in dm²
Gänsegeier	104,5
Albatros	62,2 = 6220 cm²
Adler	59,3
Höckerschwan	57,6
Großtrappe	55,5
Storch	55,2
Reiher	35,9
Graugans	30,7
Habicht	20,5
Bussard	20,3 = 2030 cm²
Silbermöwe	20,1
Wanderfalke	15,4
Schleiereule	11,6
Stockente	11,5
Taube	8,4
Kiebitz	6,6
Elster	6,4
Turmfalke	4,9
Amsel	3,1
Buntspecht	2,4
Star	1,9
Rauchschwalbe	1,4
Mauersegler	1,3
Sperling	1,2
Kohlmeise	1,0
Buchfink	1,0
Goldhähnchen	0,5
Rubinkolibri	0,1

ISBN 3-12-030910-9

Wissenschaftler haben den Gleitflug von drei Vogelarten untersucht. Sie haben die längste Gleitstrecke bei Windstille nach zehn Metern Höhenverlust ermittelt.

1. Vermutet die Ursachen der unterschiedlich langen Gleitflugstrecken.

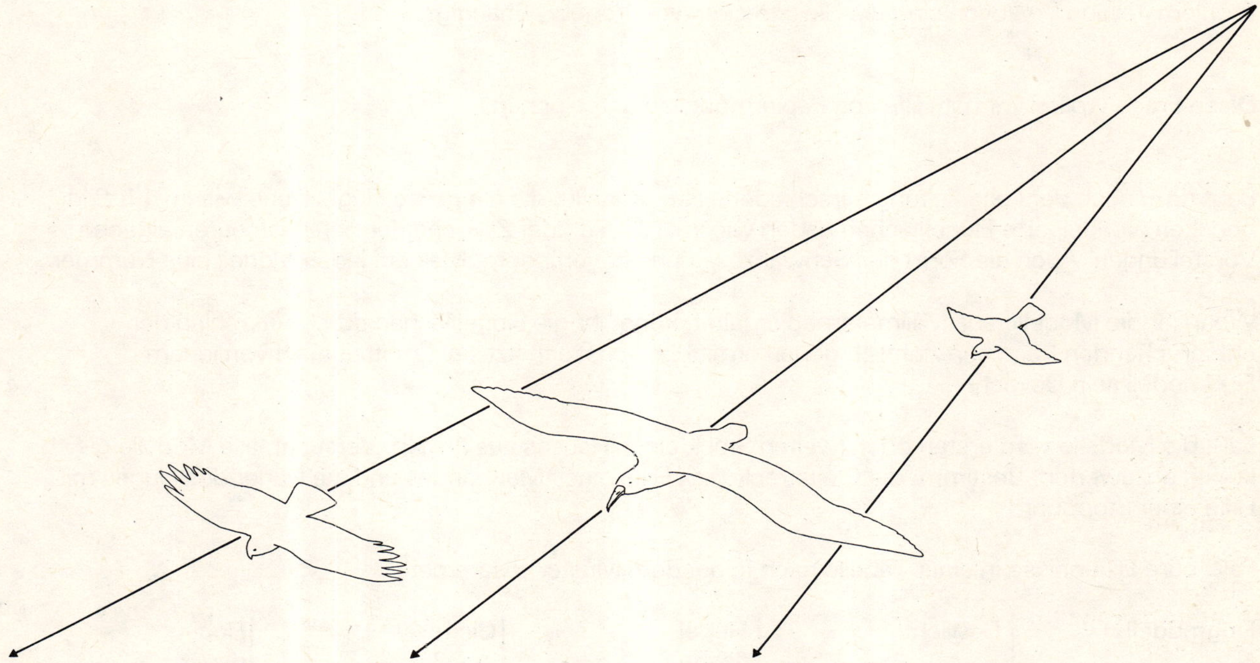

Bussard — Albatros — Felsentaube

170 m — 150 m — 90 m — Gleitstrecke

Warum entsteht am Vogelflügel Auftrieb?

1. In der folgenden Abbildung sind die Strömungslinien eines Vogelflügels eingezeichnet, der sich im Luftstrom befindet. Notiere, wie hoch die Strömungsgeschwindigkeiten der Luft und die herrschenden Drücke oberhalb und unterhalb des Flügels sind.

Flügeloberseite
Strömungslinien
Strömungsgeschwindigkeit
Druck

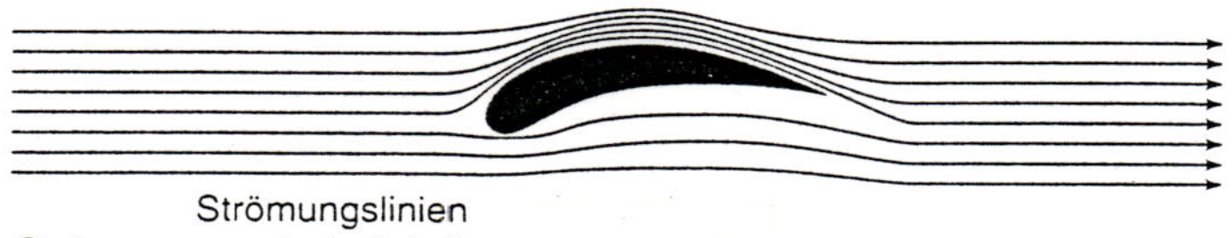

Strömungslinien
Strömungsgeschwindigkeit
Flügelunterseite
Druck

An der Oberseite des Flügels fließt die Luft mit ______ Strömungsgeschwindigkeit, es entsteht ein ______ Druck ______.
An der Unterseite des Flügels ist die Strömungsgeschwindigkeit ______. Dadurch entsteht an der Flügelunterseite ein ______ Druck ______.

2. Fasse in einem Satz zusammen, wie es zum Auftrieb des Flügels kommt.

Vögel haben unterschiedlich gute Gleitflugeigenschaften. Ein Storch von 3,7 kg Gewicht und einer Flügelfläche von 5520 cm^2 gleitet bei 10 m Höhenverlust über eine Strecke von 170 m. Ein Steinadler von 4,2 kg Gewicht und einer Flügelfläche von 5930 cm^2 gleitet bei einemHöhenverlust von 10 m über eine Strecke von 120 m.

Problemstellung: Wovon sind die Gleitstrecken von Vögeln abhängig?

Diese Frage wollen wir mit Hilfe von Papiermodellen untersuchen.

Baut dazu nach der Faltanleitung verschiedene Flugmodelle, die die ganze Flügelfläche wie im 11. Bild behalten, verkleinerte Flügelflächen haben wie im 13. Bild oder Zwischenformen nach euren eigenen Vorstellungen. Auch die Form des Schwanzes könnt ihr verändern. Malt auf jedes Modell eine Nummer.

Wenn ihr die Modelle aus Millimeterpapier faltet, könnt ihr die Flügelflächen durch Auszählen der entsprechenden Kästchen ziemlich genau ermitteln, sonst schätzt sie. Ermittelt auch von jedem Flugmodell sein Gewicht.

Laßt die Modelle vom ersten oder zweiten Stock eines Hauses aus fliegen. Versucht, alle Modelle gleich kräftig anzuwerfen. Bestimmt die Gleitstrecke mit Hilfe eines Maßbandes und die Dauer des Fluges mit Hilfe einer Stoppuhr.

Faßt eure Ergebnisse in einer Tabelle nach folgendem Muster zusammen:

Flugmodell Nr.	Gewicht	Flügelfläche	Gleitstrecke	Flugdauer

Beantwortet anhand eurer Versuchsergebnisse die obige Fragestellung!

 ISBN 3-12-030910-9

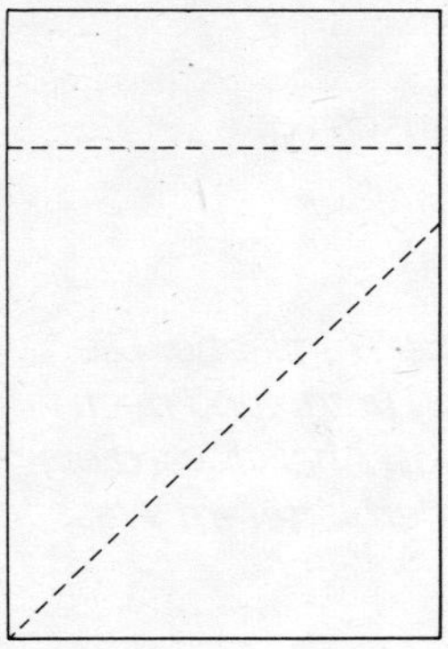
1.

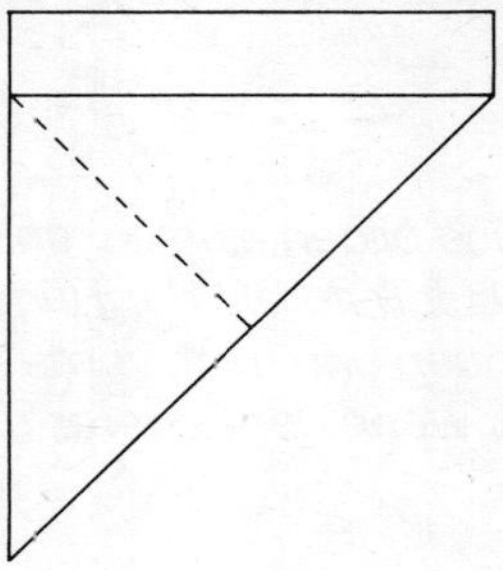
2.

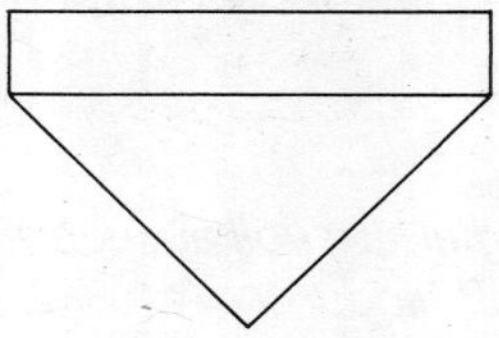
3.

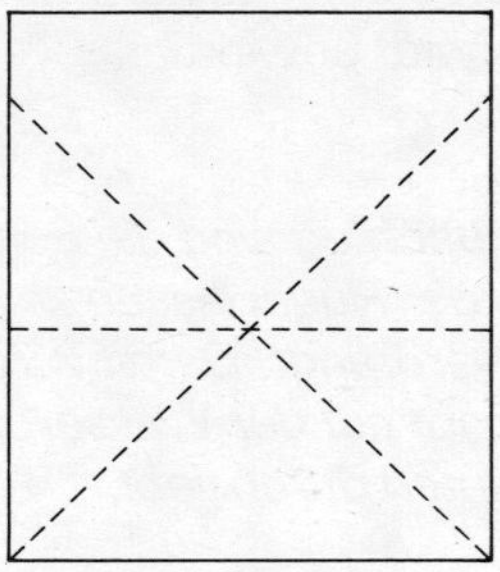
4. Falzen und wieder öffnen

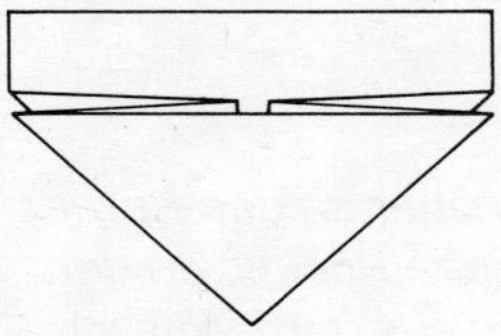
5. Falten

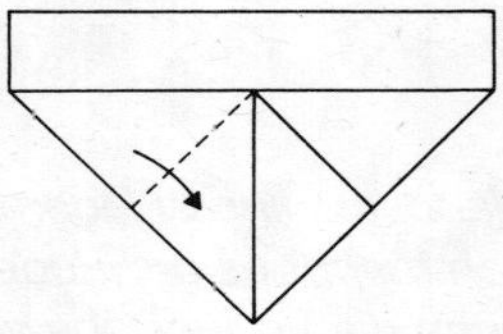
6. Spitzen falten

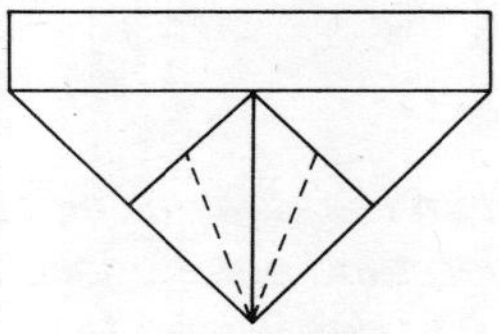
7. Falzen und zurückbiegen

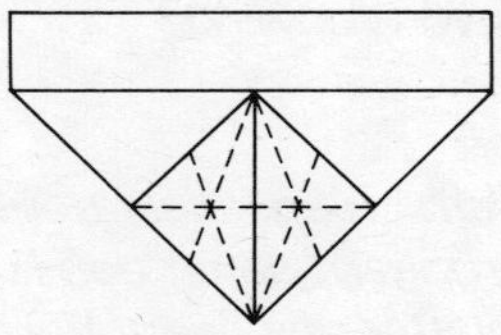
8. Ebenfalls

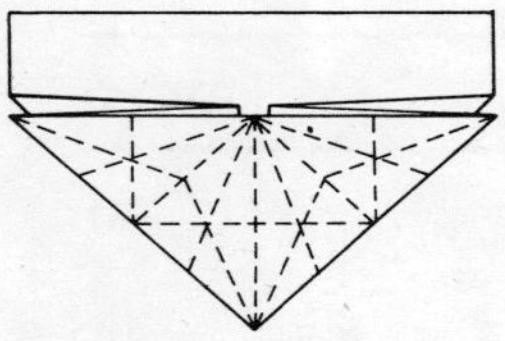
9. Auffalten

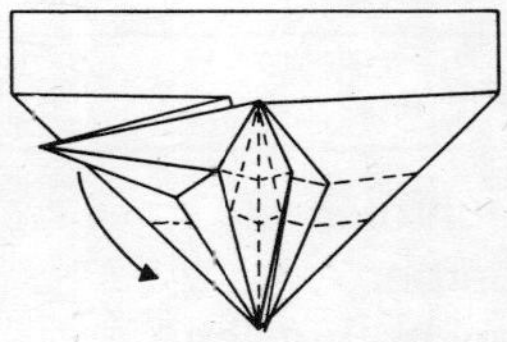
10. So nach unten falten

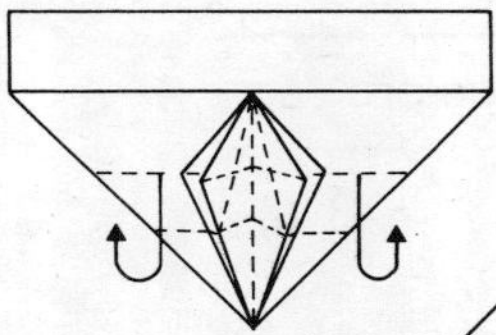
11. Falten

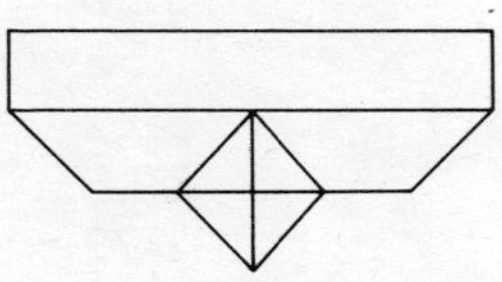
12. Nase so nach unten falten, daß die Spitze stehenbleibt

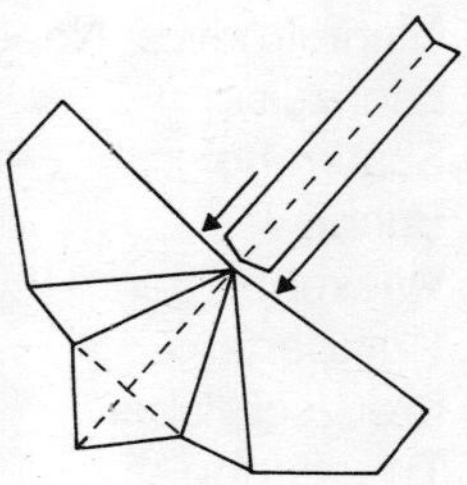
13.

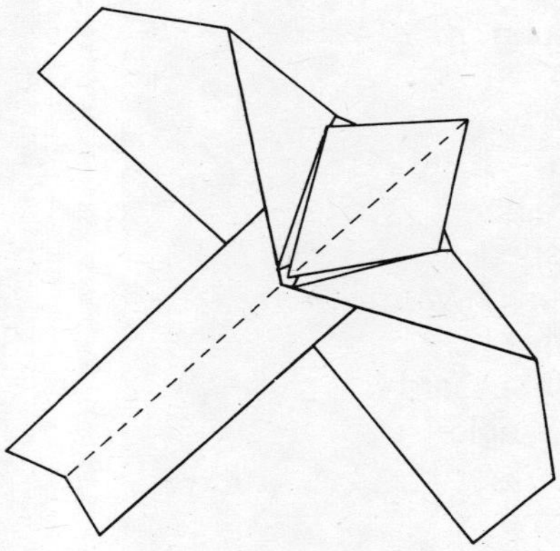
14. Guten Flug!

ISBN 3-12-030910-9

Die wichtigsten Phasen des Ruderfluges

Abschlag

1. Beschreibe in deinem Heft die Flügelbewegung und die Stellung der Federn beim Abschlag. Was wird bewirkt?

*Beim **Abschlag** sind die Schwungfedern voll ausgebreitet und bilden eine geschlossene Tragfläche. Die Federn der Flügel lassen keine Luft hindurch. Also wird die Luft mit Hilfe der Flügel nach unten und nach hinten verdrängt. Damit wird der Vogelkörper etwas nach oben und nach vorne bewegt. Ähnlich wird ein Ruderboot auf der Wasseroberfläche nach vorne getrieben, wenn der Ruderer die Ruderblätter im Wasser nach hinten durchzieht.*

Aufschlag

2. Beschreibe in deinem Heft die Flügelbewegung und die Stellung der Federn beim Aufschlag. Was wird bewirkt? Natura S. 138/139

*Beim **Aufschlag** knickt der Flügel im Handgelenk ein. Die Handschwingen legen sich näher an den Körper und verringern damit den Luftwiderstand des Vogels. Ähnlich macht es der Ruderer beim Rückholen der Ruderblätter, die er zur Verringerung des Widerstandes gegen die Vorwärtsbewegung aus dem Wasser hebt. Beim Vogel stellen sich gleichzeitig die Handschwingen parallel zu der vorbeiströmenden Luft. Sie öffnen dadurch die geschlossene Flügelfläche so, wie die Lamellen einer Jalousie geöffnet werden. Die Luft kann ungehindert durchströmen. Da jedoch die Armschwingen unverändert die Form einer Tragfläche beibehalten, erzeugen sie einen Auftrieb, und der Vogel fliegt geradeaus weiter.*

Flügelschlagfrequenzen von Vögeln

Art	Schläge pro sec
Amethyst-Kolibri	78 (!)
Amsel	5,6
Bläßhuhn	5,8
Elster	3
Eulen	4
Fasan	9
Graureiher	2
Haussperling	13
Höckerschwan	2,7
Kolibris	30-50
Mäusebussard	3
Mauersegler	12
Pelikan	1,2
Silbermöwe	3
Star	5,1
Stockente	5-10
Storch	2
Taube	8
Wanderfalke	4,3

Fluggeschwindigkeiten beim Vogelzug

Art	km/Std
Neuntöter	40
Sperber	41,4
Rauchschwalbe	44
Wespenbussard	45
Schafstelze	46-48
Ringeltaube, Kranich, Mantelmöwe, Nebelkrähe	50
Erlenzeisig	51
Saatkrähe	52,2
Buchfink	52,5
Wiesenpieper	53
Wanderfalke	59,2
Kreuzschnabel	59,8
Turteltaube	61-72
Dohle	61,6
Star	74,2
Regenpfeifer	90
Krickente	120
Mauersegler	150

 ISBN 3-12-030910-9

Abschlag

1. Beschreibe in deinem Heft die Flügelbewegung und die Stellung der Federn beim Abschlag. Was wird bewirkt?

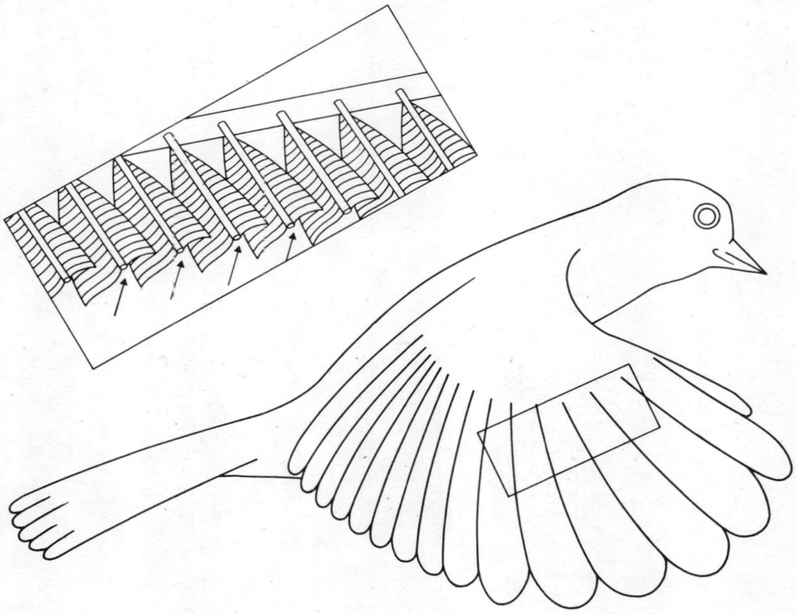

Aufschlag

2. Beschreibe in deinem Heft die Flügelbewegung und die Stellung der Federn beim Aufschlag. Was wird bewirkt?

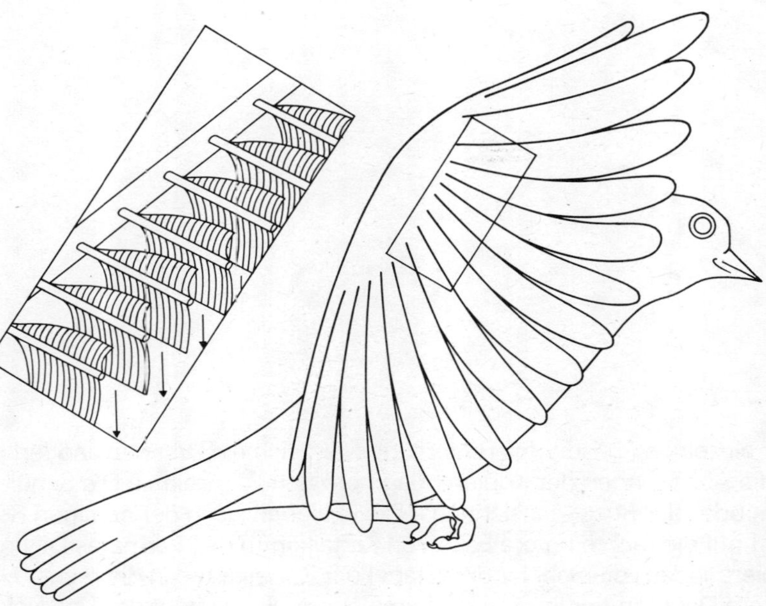

 ISBN 3-12-030910-9

Schneide die Abbildungen der einzelnen Phasen des Ruderfluges aus und klebe sie in der richtigen Reihenfolge in dein Heft. Die Abbildungen, die zusammen in einem Kästchen stehen, geben jeweils eine Seiten- und Rückenansicht einer Phase des Ruderfluges wieder.

Hast du die Aufgabe richtig gelöst, ergibt die Reihenfolge der Buchstaben ein sinnvolles Lösungswort.

Das Lösungswort lautet „F L I E G E N".

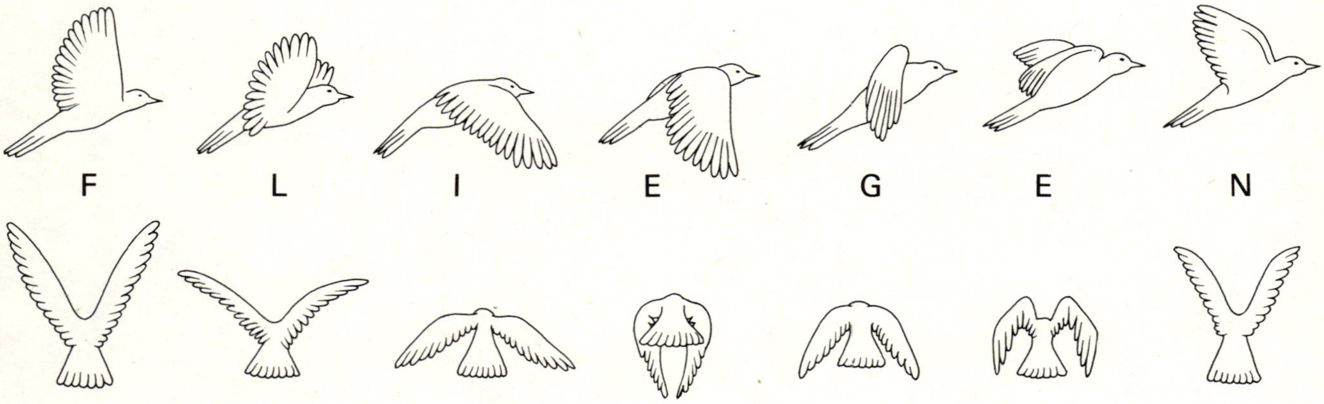

Ergänzender Hinweis:

Aus den Zeichnungen der einzelnen Phasen des Ruderfluges läßt sich ein Daumenkino fertigen. Der Lehrer vervielfältigt dazu die Abbildungen der Kopiervorlage pro Schüler dreimal. Die Schüler schneiden die Flugphasen der Seiten- oder der Rückenansicht aus. Diese kleben sie in der richtigen Reihenfolge beginnend mit der Phase 1 auf die rechte untere Ecke von Karteikarten des Formates DIN A 6.
Das Daumenkino funktioniert, indem die Schüler den Stapel der Karteikarten in die rechte Hand nehmen und die Karteikarten mit dem Daumen der linken Hand umblättern. Es entsteht der Eindruck eines fliegenden Singvogels.

ISBN 3-12-030910-9

Phasen des Ruderfluges

Schneide die Abbildungen der einzelnen Phasen des Ruderfluges aus und klebe sie in der richtigen Reihenfolge in dein Heft. Die Abbildungen, die zusammen in einem Kästchen stehen, geben jeweils eine Seiten- und Rückenansicht einer Phase des Ruderfluges wieder.

Hast du die Aufgabe richtig gelöst, ergibt die Reihenfolge der Buchstaben ein sinnvolles Lösungswort.

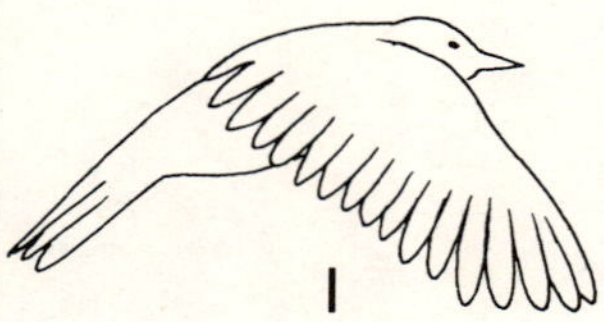

I

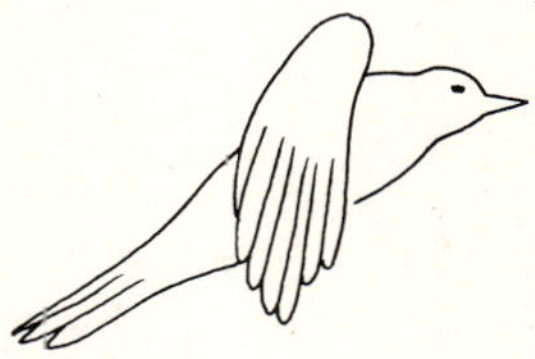

G

L

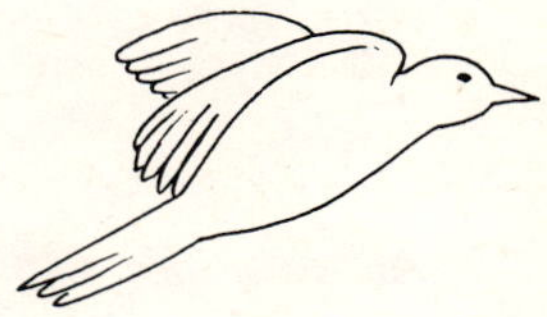

E

F

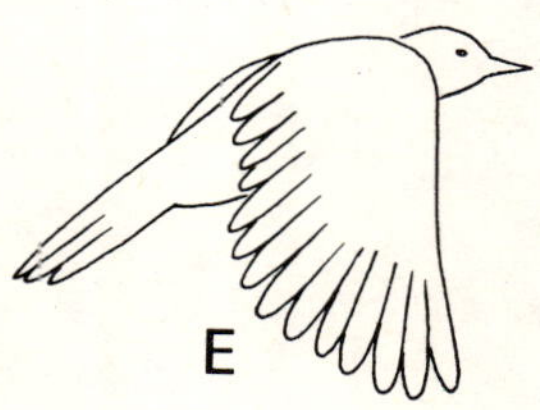

E

N

ISBN 3-12-030910-9

1. Beschreibe die Flügelformen der abgebildeten Vogelarten.

2. Erkläre den Zusammenhang zwischen Flügelform und der typischen Flugart der einzelnen Vögel.

*Zu 1.: **Adler**, **Storch** und **Bussard** besitzen annähernd rechteckige, großflächige Flügel.*

Zu 2.: Diese großen Flügelflächen liefern ihnen so viel Auftrieb, daß sie lange Zeit im Segelflug verbringen können.

*Zu 1.: **Albatros** und **Möwen** haben lange, spitz zulaufende Flügel.*

Zu 2.: Dies ermöglicht ihnen einen Segelflug unter den böigen Windverhältnissen über dem Meer.

*Zu 1.: Die **Enten** und **Schwäne** besitzen weiter hinten am Körper sitzende, große, spitz zulaufende Flügel.*

Zu 2.: Beide benutzen ihre Flügel zu einem kräftigen Ruderflug.

*Zu 1.: Die **Segler** haben schmale, spitz zulaufende Flügel.*

Zu 2.: Diese Flügel verwenden sie zu einem schnellen Segeln. Sie erlauben ihnen, leicht Wendemanöver auszuführen.

*Zu 1.: **Falken** besitzen lange und spitz zulaufende Flügel und längliche Schwänze.*

Zu 2.: Damit fliegen die Falken schnell und gewandt. In Sturzflügen erreichen sie hohe Geschwindigkeiten, die es ihnen ermöglichen, die Beute zu fangen.

*Zu 1.: Der **Sperber** besitzt einen langen Schwanz und kurze, breite Flügel.*

Zu 2.: Der lange Schwanz garantiert eine große Wendigkeit, und die kurzen, breiten Flügel sind geeignet, schnell vom Start weg die Beute zu fangen.

*Zu 1.: Der **Kiebitz** besitzt kurze, breite Flügel und eine kurzen Schwanz.*

Zu 2.: Mit dieser Flugausstattung kann der Kiebitz schnell Kurven durchfliegen, wie dies für die Kapriolen seines Balzfluges nötig ist.

ISBN 3-12-030910-9

1. Beschreibe die Flügelformen der abgebildeten Vogelarten.

2. Erkläre den Zusammenhang zwischen der Flügelform und der typischen Flugart der einzelnen Vögel.

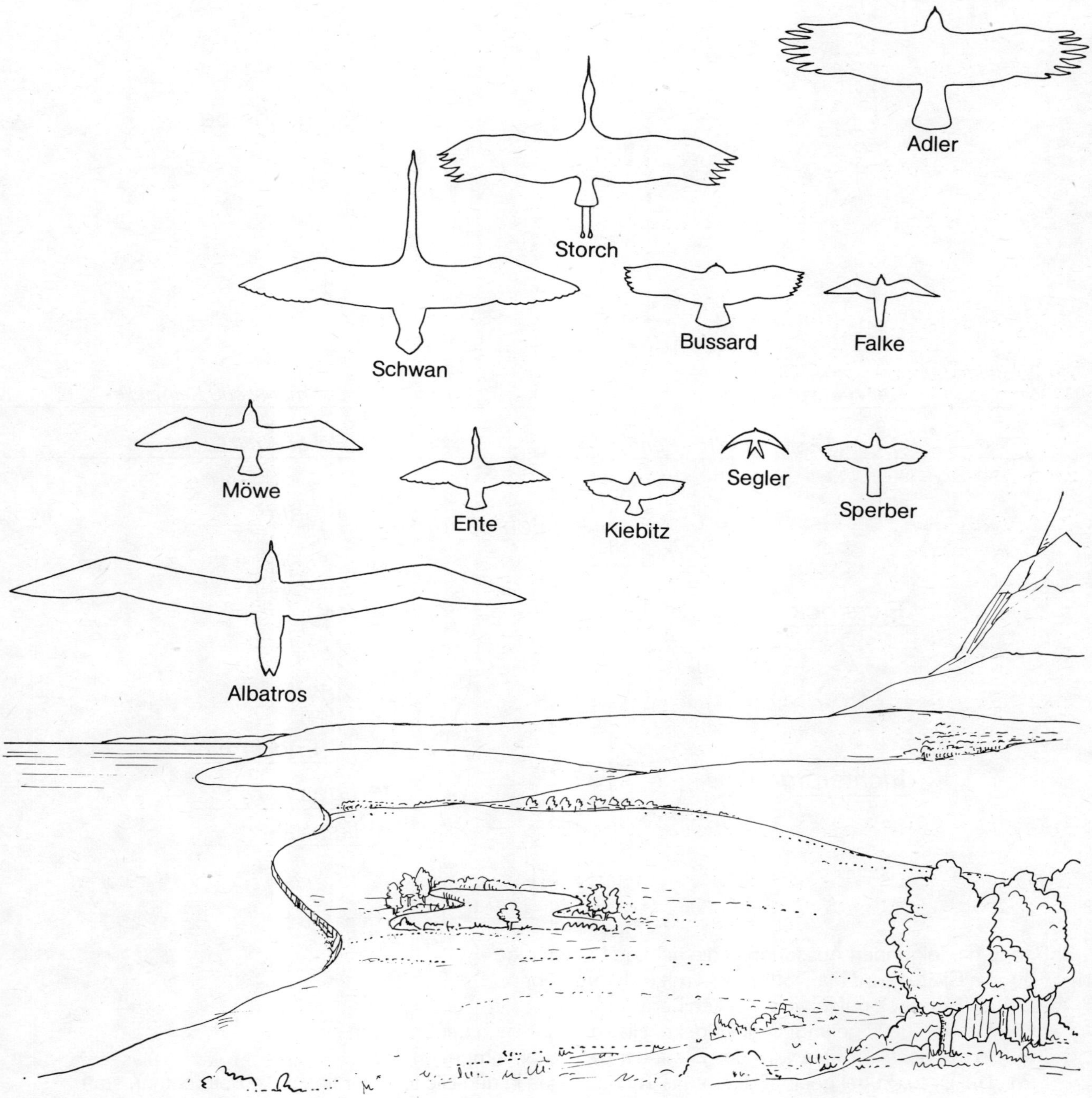

ISBN 3-12-030910-9

1. Beschreibe, was auf den beiden Abbildungen 1 und 2 dargestellt ist.

2. Erkläre, was man unter Begattung bzw. Befruchtung versteht.

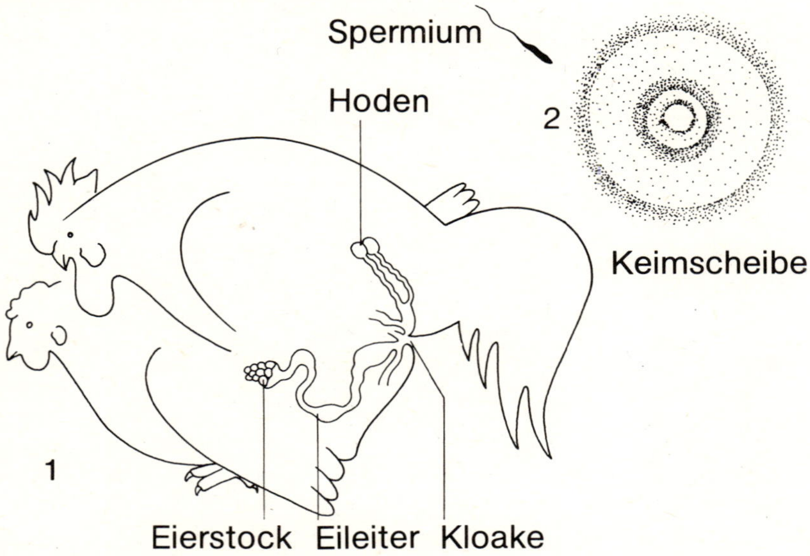

1 Begattung: *Der Hahn überträgt Samenflüssigkeit in die Henne.*

2 Befruchtung: *Die männliche Keimzelle dringt in die Eizelle ein.*

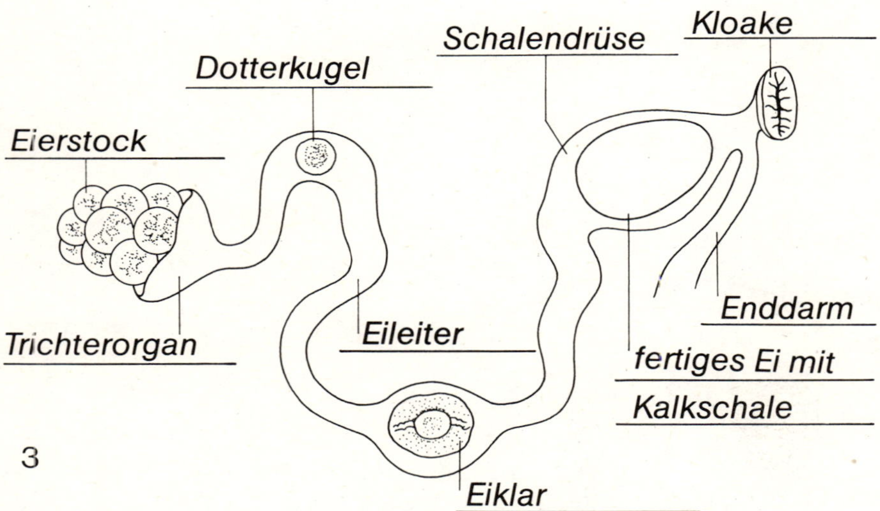

3

3. Bringe die folgenden Aussagen in die richtige Reihenfolge.
   (*3*) Im Eileiter wird die Dotterkugel mit Eiklar umgeben.
   (*1*) Im Eierstock reifen viele Eizellen heran.
   (*5*) Das fertige Ei gelangt in die Kloake. Hier mündet auch der Enddarm ein.
   (*4*) In der Schalendrüse wird das Ei mit der Kalkschale umgeben.
   (*2*) Die Dotterkugel gelangt durch das Trichterorgan in den Eileiter. Hier findet die Befruchtung statt.

4. Beschrifte anschließend die Abbildung 3. Die Begriffe, die du benötigst, tauchen in den vorstehenden Sätzen auf.

 ISBN 3-12-030910-9

1. Beschreibe, was auf den beiden Abbildungen 1 und 2 dargestellt ist.

2. Erkläre, was man unter Begattung bzw. Befruchtung versteht.

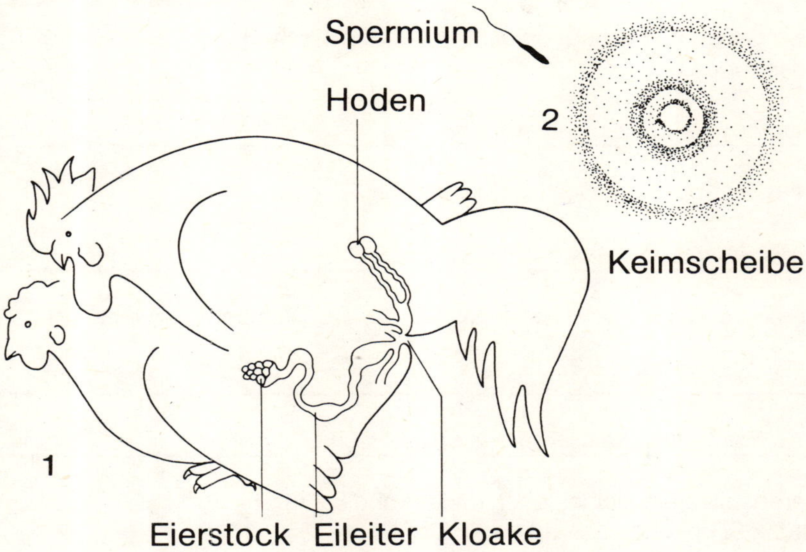

1 Begattung: ______

2 Befruchtung: ______

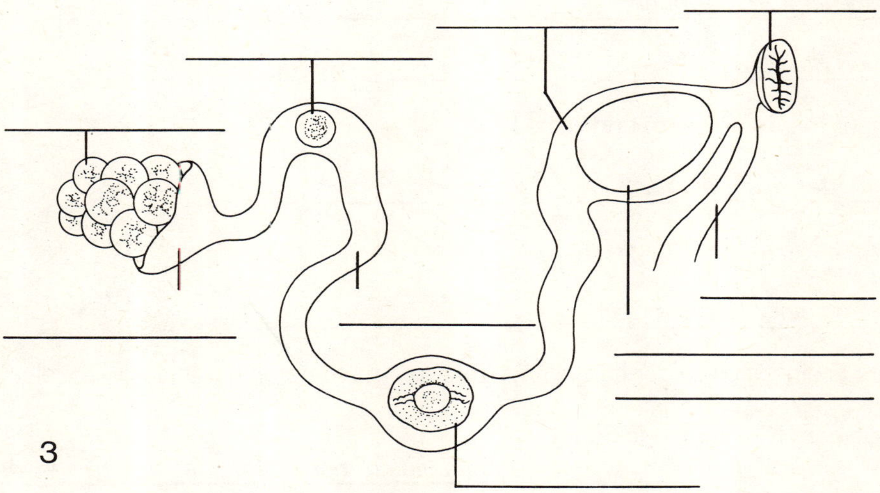

3

3. Bringe die folgenden Aussagen in die richtige Reihenfolge.
   ( ) Im Eileiter wird die Dotterkugel mit Eiklar umgeben.
   ( ) Im Eierstock reifen viele Eizellen heran.
   ( ) Das fertige Ei gelangt in die Kloake. Hier mündet auch der Enddarm ein.
   ( ) In der Schalendrüse wird das Ei mit der Kalkschale umgeben.
   ( ) Die Dotterkugel gelangt durch das Trichterorgan in den Eileiter. Hier findet die Befruchtung statt.

4. Beschrifte anschließend die Abbildung 3. Die Begriffe, die du benötigst, tauchen in den vorstehenden Sätzen auf.

 ISBN 3-12-030910-9

Zur Untersuchung des Hühnereies werden sowohl rohe, als auch gekochte Eier benötigt.
Sonstiges Material: Petri-Schale (oder Untertasse), Pinzette, Präparierschere, Messer, Lupe, Schulbuch.
Wenn ihr in Gruppen arbeitet, müßt ihr euch zunächst einigen, wer welche Arbeiten übernimmt.

Lege ein rohes und ein gekochtes Ei nebeneinander auf den Tisch. Stoße beide Eier leicht an.
Woran erkennst du das rohe Ei?

Das rohe Ei rollt nicht so gut. Es trudelt mehr.

Welchen Vorteil hat es, daß das rohe Ei schlecht rollt?

Die Eier können nicht so leicht aus dem Nest rollen.

Betrachte die Schale mit der Lupe. Beschreibe das Aussehen. Was bedeutet diese Beobachtung?

Es sind viele Poren in der Kalkschale.

Wenn sich ein Kücken entwickelt, erhält es dadurch Luft.

Schlage mit der Scherenspitze ein kleines Loch in das rohe Ei. (a)
Schneide dann ein Stück Schale heraus. (b)
Laß einen Teil des Eiklars in die Petri-Schale abfließen.
Benenne die Teile, die du erkennen kannst. Benutze dein Schulbuch zum Aufsuchen der Fachbegriffe. Drehe das geöffnete Ei leicht um die Längsachse hin und her.
Achte auf die Keimscheibe! Liegt darin ein Vorteil?

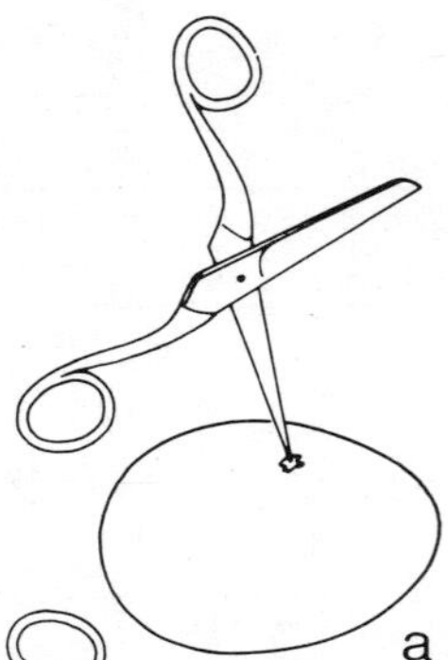
a

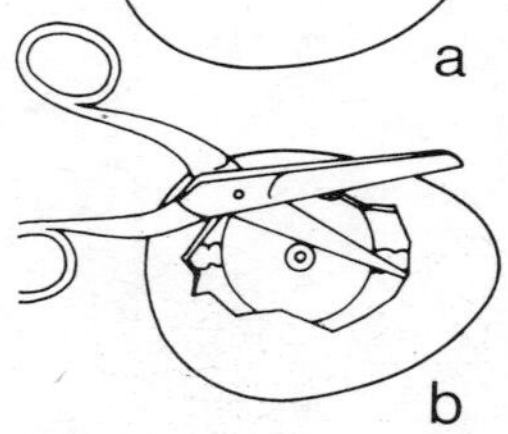
b

Die Keimscheibe liegt immer oben,

also am warmen Bauch der Glucke.

Fasse die Hagelschnur mit der Pinzette und ziehe leicht.

Sie hängt am Dotter, nicht an der Schale.

Stich mit der Scherenspitze in die Dotterkugel.

Der Dotter ist von einer Haut umgeben.

Schäle das gekochte Ei einseitig ab (der Länge nach). Prüfe am stumpfen Ende, aus wie vielen Teilen die Schalenhaut besteht.
Schneide das Ei mit einem Messer längs durch.
Benenne die Teile.
Was ist jetzt besser zu erkennen als beim rohen Ei? Was siehst du nicht?

Die Luftkammer ist jetzt deutlich zu sehen;

Keimscheibe und Hagelschnüre aber nicht.

Beschrifte:

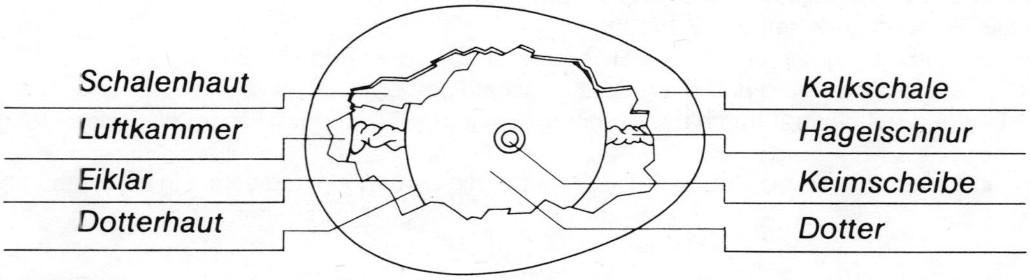

ISBN 3-12-030910-9

Zur Untersuchung des Hühnereies werden sowohl rohe, als auch gekochte Eier benötigt.
Sonstiges Material: Petri-Schale (oder Untertasse), Pinzette, Präparierschere, Messer, Lupe, Schulbuch.
Wenn ihr in Gruppen arbeitet, müßt ihr euch zunächst einigen, wer welche Arbeiten übernimmt.

Lege ein rohes und ein gekochtes Ei nebeneinander auf den Tisch. Stoße beide Eier leicht an.
Woran erkennst du das rohe Ei?

Welchen Vorteil hat es, daß das rohe Ei schlecht rollt?

Betrachte die Schale mit der Lupe. Beschreibe das Aussehen. Was bedeutet diese Beobachtung?

Schlage mit der Scherenspitze ein kleines Loch in das rohe Ei. (a)
Schneide dann ein Stück Schale heraus. (b)
Laß einen Teil des Eiklars in die Petri-Schale abfließen.
Benenne die Teile, die du erkennen kannst. Benutze dein Schulbuch zum Aufsuchen der Fachbegriffe. Drehe das geöffnete Ei leicht um die Längsachse hin und her.
Achte auf die Keimscheibe! Liegt darin ein Vorteil?

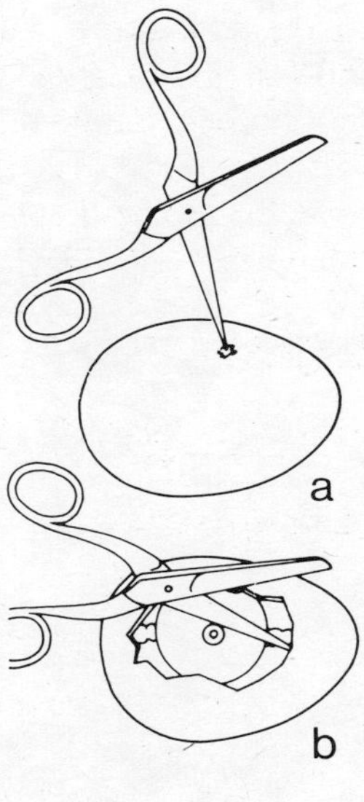

Fasse die Hagelschnur mit der Pinzette und ziehe leicht.

Stich mit der Scherenspitze in die Dotterkugel.

Schäle das gekochte Ei einseitig ab (der Länge nach). Prüfe am stumpfen Ende, aus wie vielen Teilen die Schalenhaut besteht.
Schneide das Ei mit einem Messer längs durch.
Benenne die Teile.
Was ist jetzt besser zu erkennen als beim rohen Ei? Was siehst du nicht?

Beschrifte:

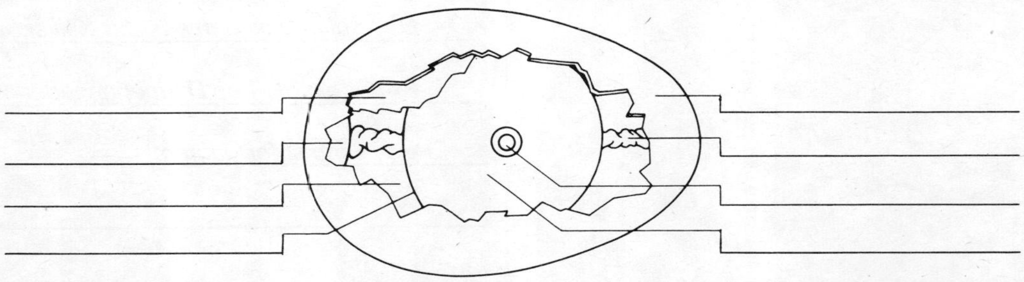

 ISBN 3-12-030910-9

1. Benenne die Teile des Hühnereies und beschreibe die Veränderungen während der Brutzeit bis zum Schlüpfen.

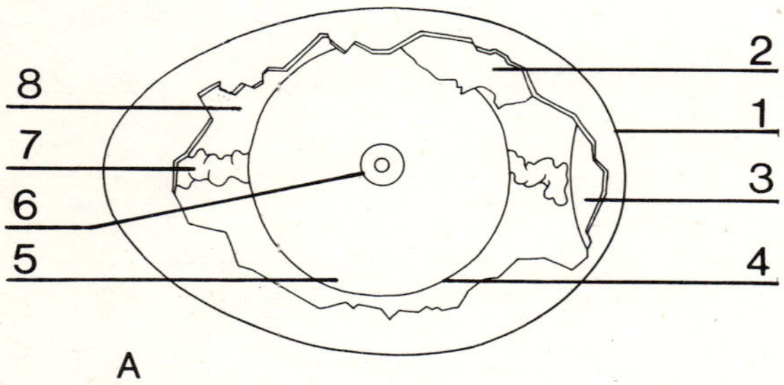

A

Das Ei:

1 *Kalkschale* 2 *Schalenhaut*

3 *Luftkammer* 4 *Dotterhaut*

5 *Dotter* 6 *Keimscheibe*

7 *Hagelschnur* 8 *Eiklar*

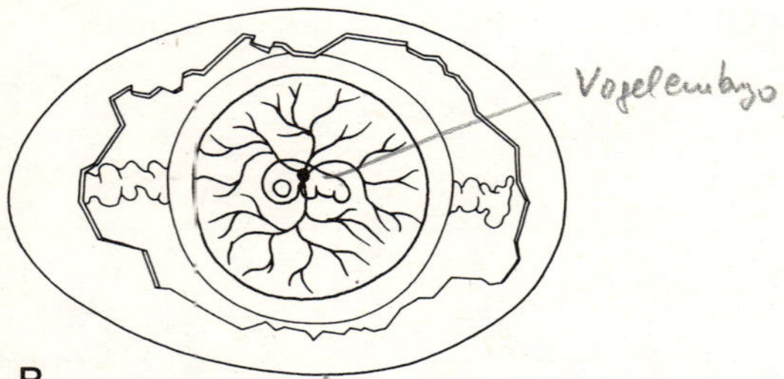

B

6 Tage:

Ein stark verzweigtes Blutgefäßsystem, das Herz, der Kopfbereich mit dem Auge und eine Gliederung des Körpers sind deutlich erkennbar.

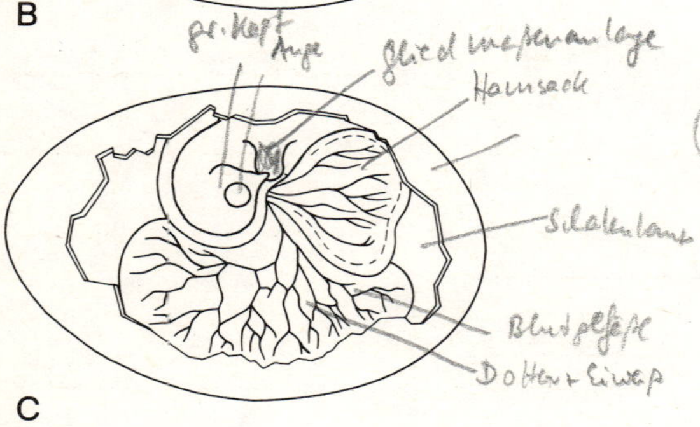

C

12 Tage:

Die Gliedmaßen sind äußerlich sichtbar. Der Kopf mit Auge und Schnabel ist sehr groß. Dotter und Eiweiß sind von Blutgefäßen dicht überzogen. Beginnende Federentwicklung

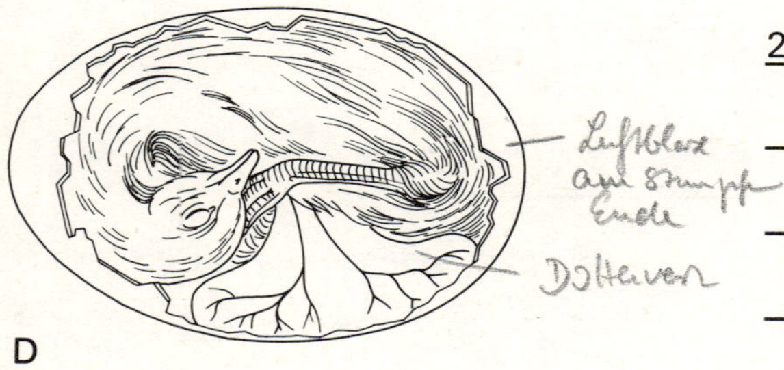

D

20 Tage:

Der Dottervorrat ist stark zurückgegangen. Alle Organe, auch Krallen und Federn sind ausgebildet. Das Küken füllt das Ei fast vollkommen aus. Dotter wird kurz vor dem Schlupf eingezogen

E

Nach dem Schlüpfen (ca. 21 Tage):

Umstellung von Atmung Harnsack → Lungenatmung

Das Küken hat sich aus der Kalkschale befreit. Es hat ein dichtes Daunengefieder , muss trocknen *und kann sofort laufen.*

Nestflüchter

ISBN 3-12-030910-9

1. Benenne die Teile des Hühnereies und beschreibe die Veränderungen während der Brutzeit bis zum Schlüpfen.

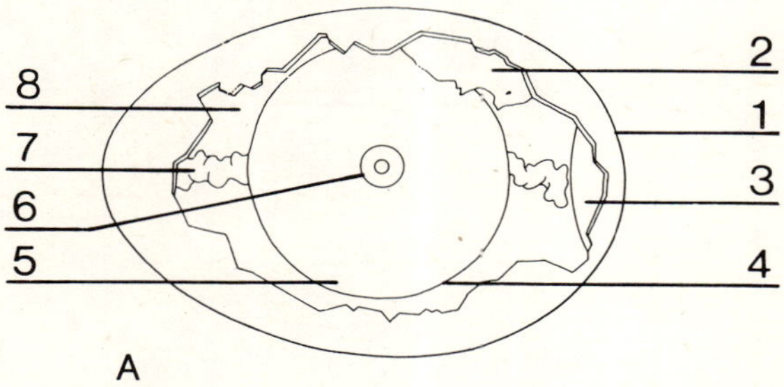

A

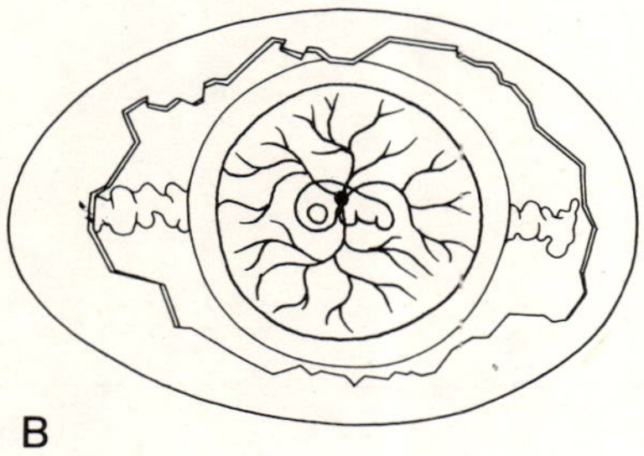

B

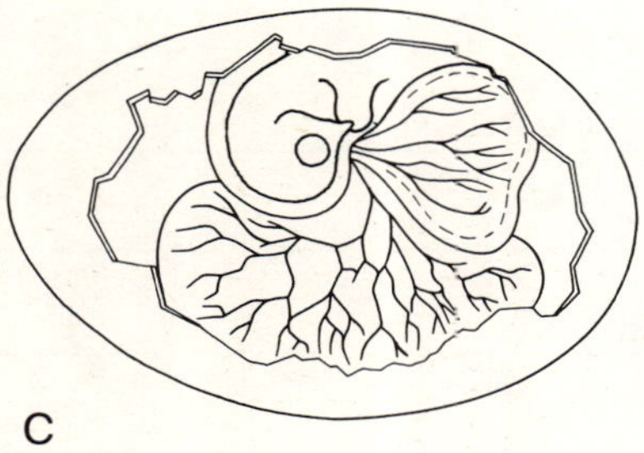

C

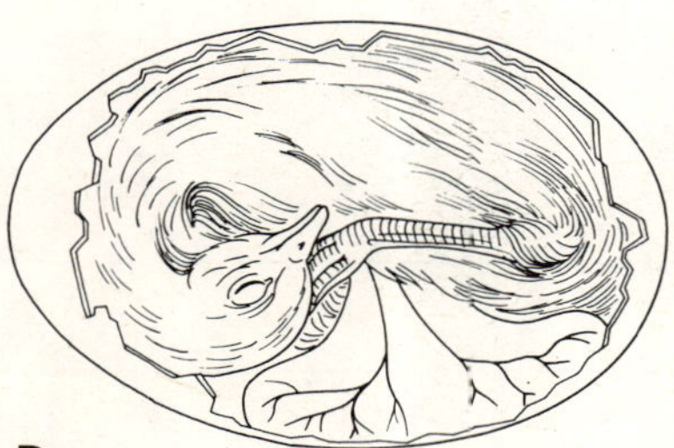

D

E

Das Ei: ______

1 ______ 2 ______

3 ______ 4 ______

5 ______ 6 ______

7 ______ 8 ______

6 Tage: ______

12 Tage: ______

20 Tage: ______

Nach dem Schlüpfen (ca. 21 Tage): ______

ISBN 3-12-030910-9

Die Verständigung zwischen Glucke und Küken

Hühnerküken sind Nestflüchter. Damit die Glucke ihre Jungen bei der Futtersuche nicht verliert, müssen sich Mutter und Kind verständigen. Die folgenden Versuche helfen zu verstehen, in welcher Weise dies bei Hühnern geschieht.

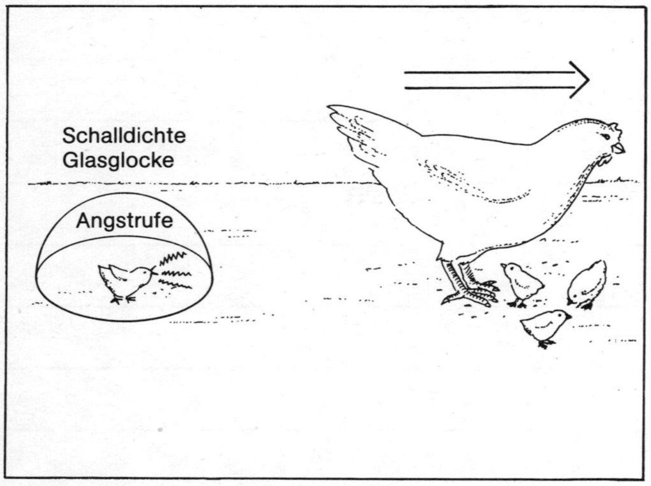

1. Beschreibe die beiden Versuchsanordnungen.

In Versuchsanordnung 1 sitzt ein Küken unter einer schalldichten Glasglocke.

Die Glucke kann ihr Junges sehen, aber nicht hören.

In Versuchsanordnung 2 sitzt das Küken hinter einem Bretterzaun.

Die Mutter kann das Junge jetzt hören, sieht es aber nicht.

2. Wie verhält sich die Glucke, wenn sie ihr Küken in Not sieht?
Wie, wenn sie die Rufe des Kükens hört, es aber nicht sieht?

Im 1. Fall frißt die Glucke ruhig weiter, als ob nichts geschehen wäre.

Sie reagiert auf die Notlage des Kükens nicht.

Im 2. Fall sucht die Glucke unruhig nach ihrem Jungen.

Sie erkennt an den Rufen des Kükens die Gefahr.

3. Was bedeutet das Verhalten der Glucke für die Verständigung zwischen ihr und dem Küken?

Glucke und Küken verständigen sich durch Lautäußerungen.

Nur die Rufe des Kükens sind ein Signal für die Mutter.

Dem hilflos flatternden, stummen Jungen eilt sie nicht zu Hilfe.

ISBN 3-12-030910-9

Hühnerküken sind Nestflüchter. Damit die Glucke ihre Jungen bei der Futtersuche nicht verliert, müssen sich Mutter und Kind verständigen. Die folgenden Versuche helfen zu verstehen, in welcher Weise dies bei Hühnern geschieht.

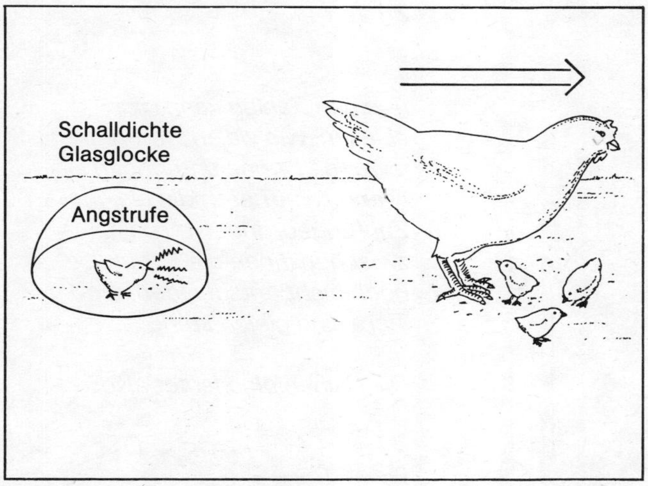

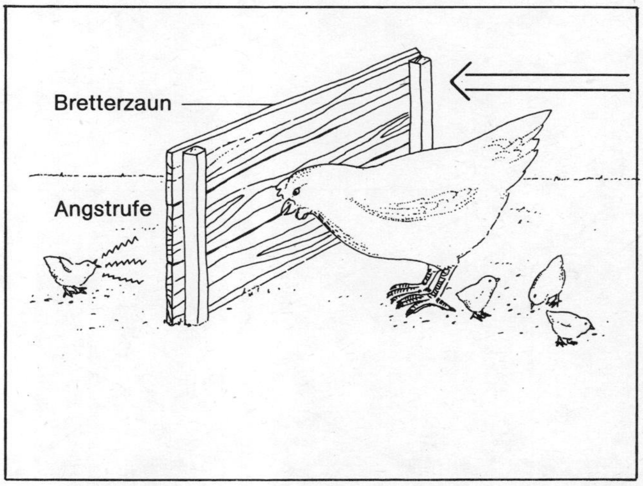

1. Beschreibe die beiden Versuchsanordnungen.

2. Wie verhält sich die Glucke, wenn sie ihr Küken in Not sieht?
   Wie, wenn sie die Rufe des Kükens hört, es aber nicht sieht?

3. Was bedeutet das Verhalten der Glucke für die Verständigung zwischen ihr und dem Küken?

ISBN 3-12-030910-9

In einer Hühnerschar kämpfen die Tiere zunächst alle gegeneinander und legen dadurch die Rangordnung fest. Diese bleibt dann ohne weitere Kämpfe oft sehr lange bestehen. Ranghohe Tiere besitzen die besten Schlafplätze und dürfen am Futternapf zuerst fressen.

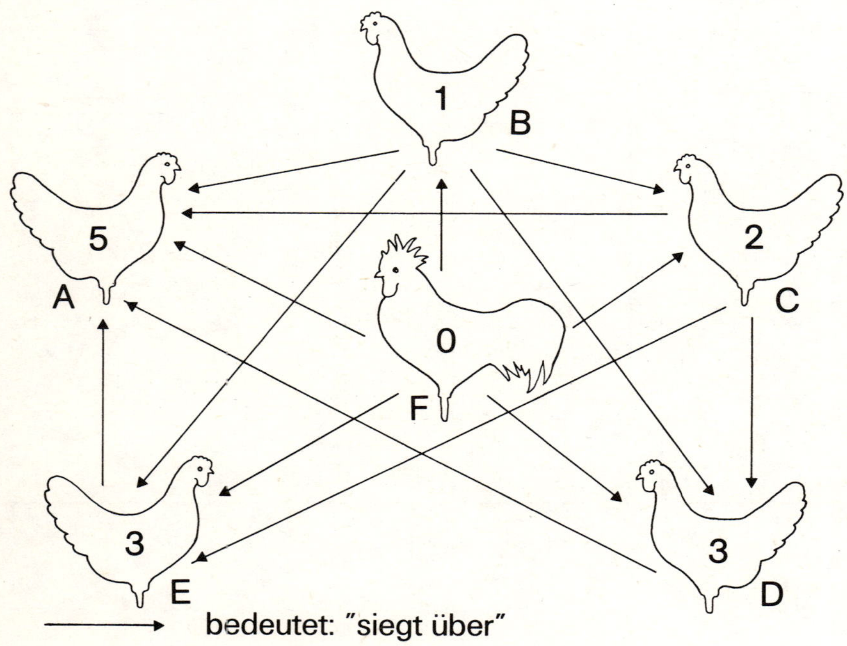

Zu 1.:

Aus den Zahlen kann man ablesen, wie vielen Tieren die jeweilige Henne unterlegen ist. Wenn zwei Tieren die gleiche Zahl zugeordnet ist, so ist zwischen ihnen die Rangfolge noch nicht entschieden; die Tiere sind gleich stark.

Die Reihenfolge lautet also:

F → B → C → D / E → A

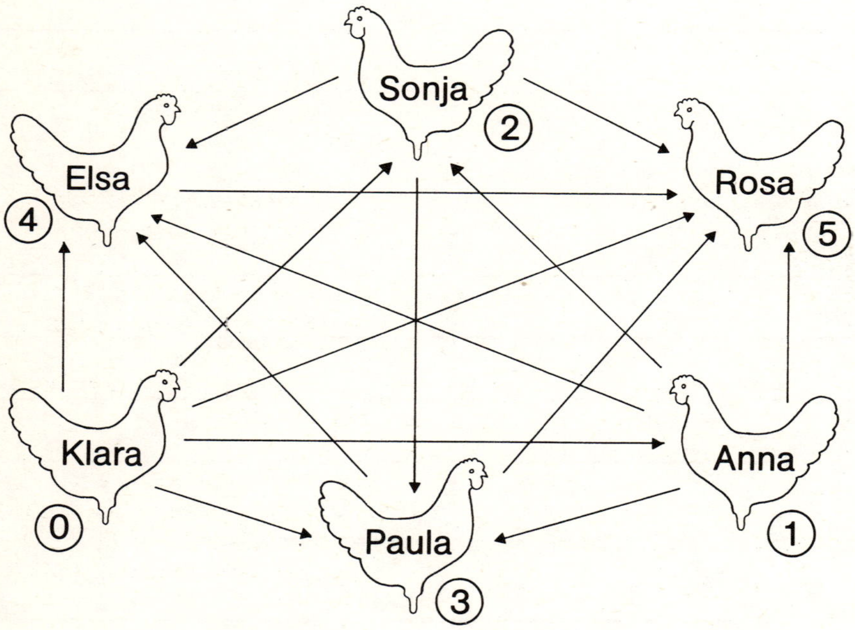

Zu 2.:

Die Hackordnung der Hennen ist folgende:

Klara (0)
Anna (1)
Sonja (2)
Paula (3)
Elsa (4)
Rosa (5)

Daraus ergibt sich als Name des Hahnes:

K A S P E R

ISBN 3-12-030910-9

____

In einer Hühnerschar kämpfen die Tiere zunächst alle gegeneinander und legen dadurch die Rangordnung fest. Diese bleibt dann ohne weitere Kämpfe oft sehr lange bestehen. Ranghohe Tiere besitzen die besten Schlafplätze und dürfen am Futternapf zuerst fressen.

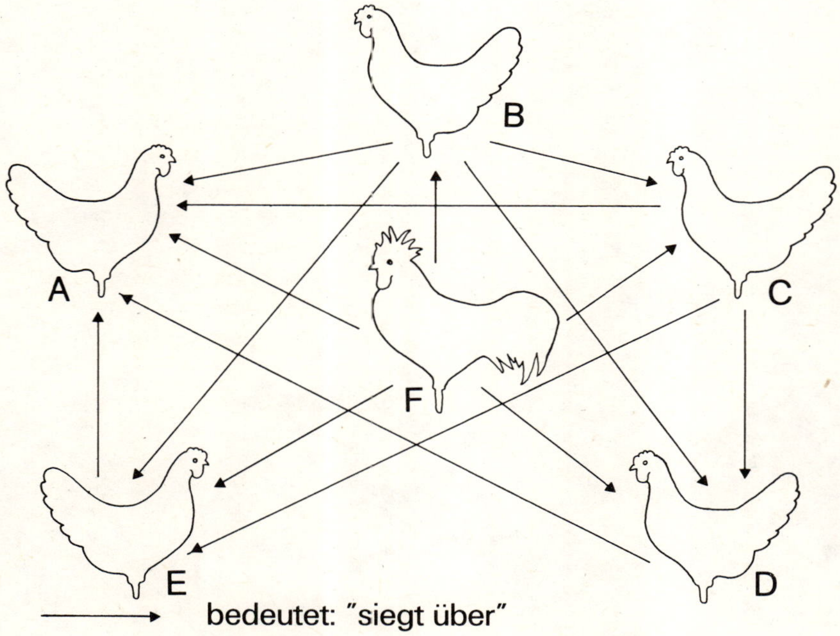

1.

Trage in die Hühner diejenige Zahl ein, die angibt, wie vielen anderen Hühnern das jeweilige Tier unterlegen ist.

Was bedeutet diese Zahl für die Rangordnung in der Hühnerschar?

Welche Bedeutung haben gleiche Zahlen?

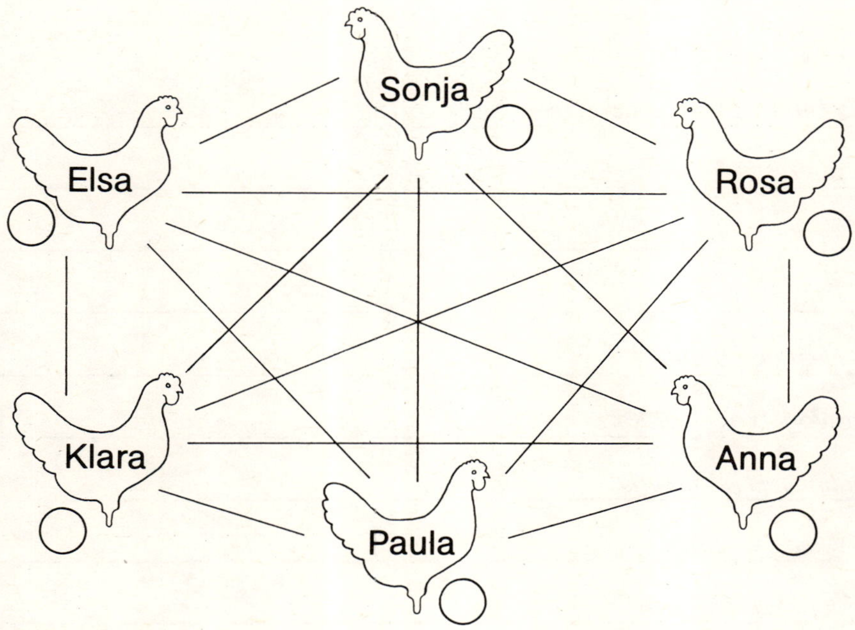

2.

Vervollständige die Zeichnung anhand der folgenden Aussagen:

- Klara hackt Anna und Paula.
- Rosa wird von allen vertrieben.
- Sonja ist Paula überlegen.
- Anna hackt Sonja und Paula.
- Klara besiegt Sonja.
- Elsa kann sich nur gegen Rosa durchsetzen.

Stelle eine Rangordnung auf. Bei richtiger Anordnung ergeben die Anfangsbuchstaben der Namen der Hennen den Namen des Hahnes.
Wie heißt er?

____

 ISBN 3-12-030910-9

Das Bild auf dieser Seite zeigt zwei Amselreviere, die an der gestrichelten Linie aneinandergrenzen.

Was geschieht an der Reviergrenze? (1-3) Was erkennst du sonst noch? (4-11)

1 *Ein Amselmännchen singt. Es kennzeichnet dadurch sein Revier.*

2 *2 Männchen flattern im Kampf zwischen beiden Revieren hin und her.*

3 *2 Männchen bedrohen sich an der Reviergrenze, ohne zu kämpfen.*

4 *Ein Weibchen badet in einer Pfütze.*

5 *Das Weibchen sitzt auf dem Nest und brütet.*

6 *Das Männchen warnt andere Vögel vor einer Katze.*

7 *Ein Weibchen sammelt im Schnabel Nistmaterial.*

8 *Ein Männchen umwirbt sein Weibchen (Balz).*

9 *Ein Weibchen putzt sich mit dem Fuß am Kopf.*

10 *Die Amsel zieht einen Regenwurm aus dem Boden.*

11 *Die Amsel puzt ihr Gefieder mit dem Schnabel.*

 ISBN 3-12-030910-9

Was ist los im Amselrevier?

____

Das Bild auf dieser Seite zeigt zwei Amselreviere, die an der gestrichelten Linie aneinandergrenzen.

Was geschieht an der Reviergrenze? (1-3) Was erkennst du sonst noch? (4-11)

1 ______________________

2 ______________________

3 ______________________

4 ______________________

5 ______________________

6 ______________________

7 ______________________

8 ______________________

9 ______________________

10 ______________________

11 ______________________

ISBN 3-12-030910-9

Das Verhalten von jungen Amseln bei der Fütterung

1. Beschreibe, wie sich die Amseljungen bei der Fütterung in der ersten bzw. zweiten Lebenswoche verhalten.

1. Woche:
Amseljunge sind noch blind.

Bei Ankunft eines Elternteils sperren die blinden Jungvögel senkrecht nach oben.

In der 2. Woche:
Amseljunge können sehen.

Wenn die Amseljungen in der zweiten Woche sehen können, sperren sie in Richtung des fütternden Altvogels.

2. Beschreibe die beiden Versuche und äußere Vermutungen, aus welchem Grund die jungen Amseln nach Futter sperren.

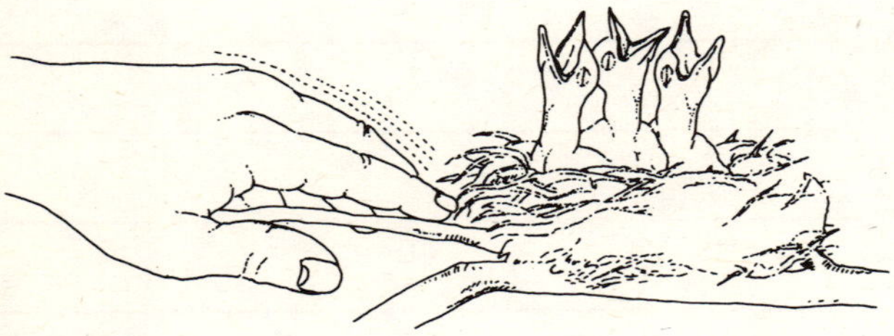

Jedesmal, wenn das Nest erschüttert wird, sperren die blinden Amseljungen. Sie brauchen die Eltern nicht zu hören, sondern die Erschütterung des Nestrandes genügt.

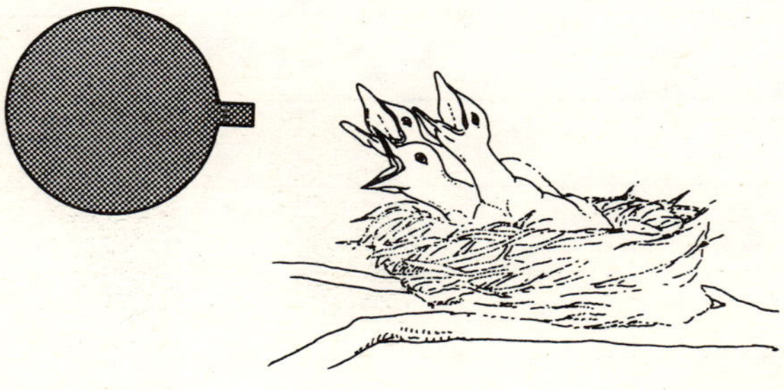

Wenn man den sehenden Jungvögeln einen dunklen, amselgroßen Gegenstand zeigt, so betteln sie nach Futter. Sie erkennen ihre Eltern nicht, obwohl sie schon sehen können.

ISBN 3-12-030910-9

1. Beschreibe, wie sich die Amseljungen bei der Fütterung in der ersten bzw. zweiten Lebenswoche verhalten.

1. Woche:
Amseljunge sind noch blind.

In der 2. Woche:
Amseljunge können sehen.

2. Beschreibe die beiden Versuche und äußere Vermutungen, aus welchem Grund die jungen Amseln nach Futter sperren.

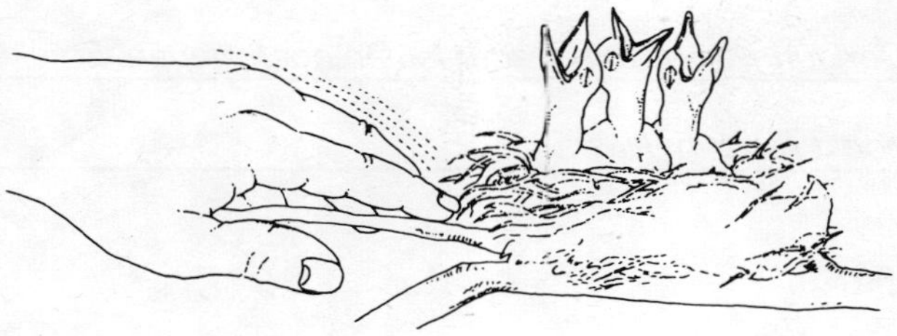

ISBN 3-12-030910-9

1. Betrachte die folgenden Abbildungen und beschreibe die Eigenschaften von Nestflüchter und Nesthocker. Trage die Ergebnisse in die Tabelle ein.

Nestflüchter	**Nesthocker**
Gefieder:	
Der Nestflüchter besitzt ein Daunenkleid, das ihn warm hält.	*Der Nesthocker ist vollkommen nackt. Er muß noch gewärmt werden.*
Augen:	
Sofort nach dem Schlüpfen kann das Junge sehen. Die Augen sind gut entwickelt.	*In den ersten Lebenstagen sind die Augen noch geschlossen; das Junge kann noch nicht sehen.*
Fortbewegung:	
Der Jungvogel kann sofort laufen. Anfangs ist er aber noch wackelig auf den Beinen.	*Der Jungvogel kann weder laufen noch fliegen. Er hockt ruhig im Nest.*
Ernährung:	
Das Küken geht sofort mit der Mutter und den Geschwistern auf Nahrungssuche.	*Das Junge muß von den Eltern gefüttert werden. Der Kot wird entfernt.*
Gesamter Entwicklungszustand:	
Der Nestflüchter ist weitgehend selbständig.	*Der Nesthocker ist völlig von seinen Eltern abhängig.*

 ISBN 3-12-030910-9

1. Betrachte die folgenden Abbildungen und beschreibe die Eigenschaften von Nestflüchter und Nesthocker. Trage die Ergebnisse in die Tabelle ein.

Nestflüchter	Nesthocker
Gefieder:	
Augen:	
Fortbewegung:	
Ernährung:	
Gesamter Entwicklungszustand:	

ISBN 3-12-030910-9

+Text: Zeitungsartikel

1. Der Kuckuck baut kein eigenes Nest, sondern legt sein Ei in das Nest eines Wirtsvogels. Betrachte die Bildleiste und beschreibe kurz, was du über das Leben des Kuckucks erfährst.

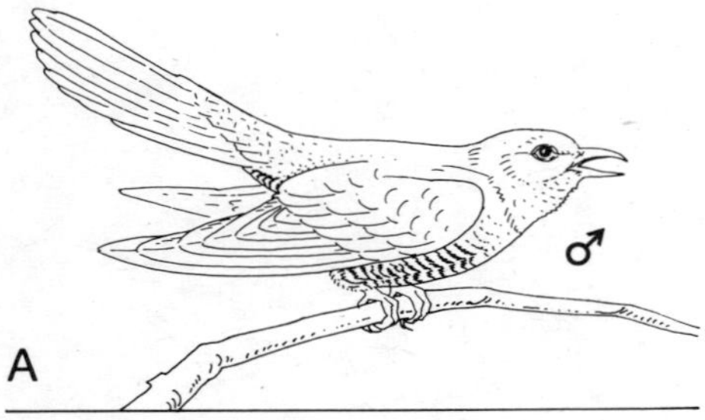

A

B

C

D

E

A *Das Kuckucksmännchen ruft und kennzeichnet dadurch sein Revier. Es lockt ein Weibchen an.*

B *Das Kuckucksweibchen frißt ein Ei des Wirtsvogels, um dann sein eigenes Ei in das fremde Nest zu legen.* Eigröße u. Eifarbe an Fremdeier angepaßt

C *Der junge Kuckuck ist als erster geschlüpft.* (10–12 Tage Entwickl.) *Er ist noch völlig federlos; er wirft die anderen Eier aus dem Nest.*

D *Der Wirtsvogel füttert den jungen Kuckuck in seinem Nest. Er ist befiedert und paßt kaum noch in das Nest.*

E *Auch wenn der Kuckuck das Nest schon verlassen hat, wird er weiter gefüttert. Er ist viel größer als die Stiefeltern.*

Man nennt den Kuckuck einen „Brutschmarotzer". Kannst du jetzt erklären, was das heißt?

Der Kuckuck baut kein eigenes Nest; er brütet nicht selbst, und er zieht die Jungen nicht selbst groß. Ein Schmarotzer lebt auf Kosten seines Wirtes und schädigt ihn.

ISBN 3-12-030910-9

1. Der Kuckuck baut kein eigenes Nest, sondern legt sein Ei in das Nest eines Wirtsvogels. Betrachte die Bildleiste und beschreibe kurz, was du über das Leben des Kuckucks erfährst.

A

B

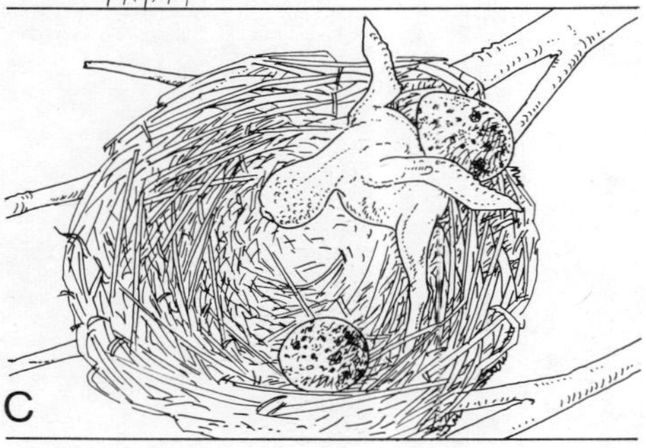

C

D

E

A

B

C

D

E

Man nennt den Kuckuck einen „Brutschmarotzer". Kannst du jetzt erklären, was das heißt?

ISBN 3-12-030910-9

1. Male selbst weiter, damit jeder erkennt, welchen Vogel du meinst.

ISBN 3-12-030910-9

____

1. Male selbst weiter, damit jeder erkennt, welchen Vogel du meinst.

1

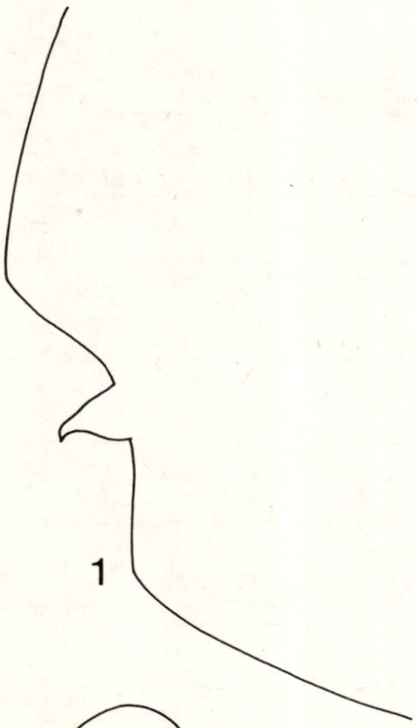

2

3

4

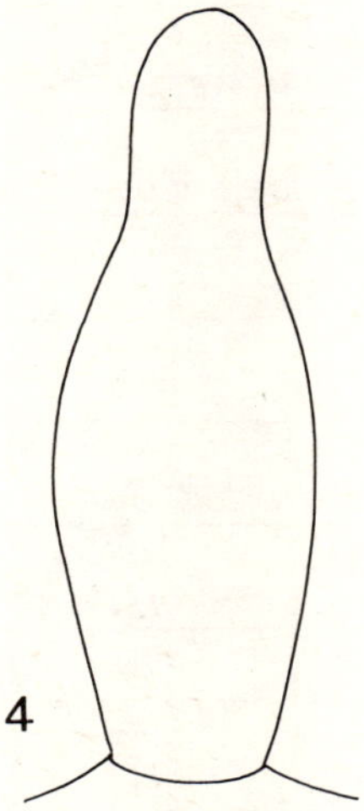

5

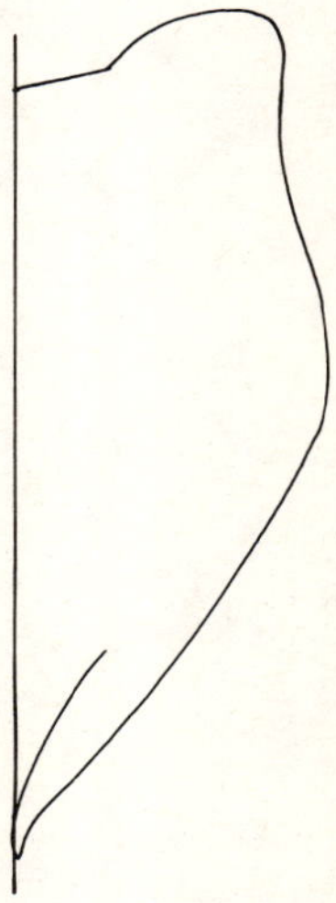

6

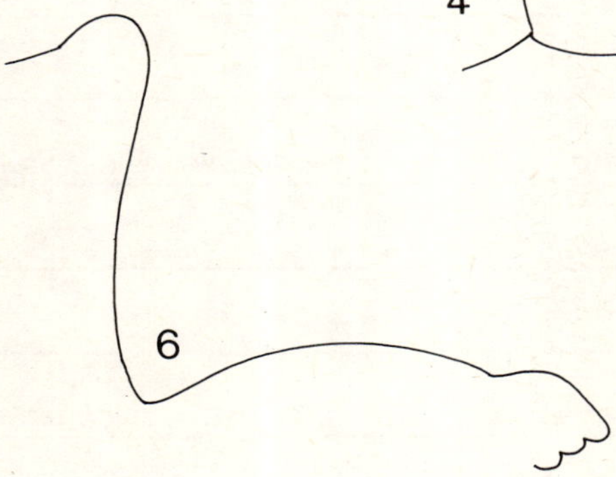

7

ISBN 3-12-030910-9

Anpassungen des Buntspechts an das Baumleben

1. Benenne und beschreibe die Anpassungen des Buntspechts unter den angegebenen Ziffern und erkläre ihre Aufgaben.

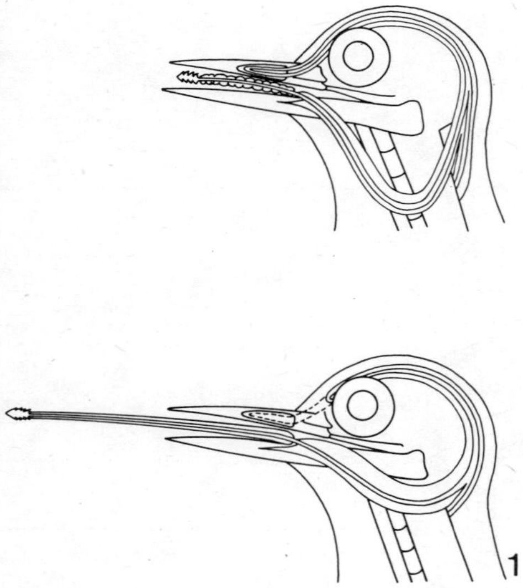

1 *Die Spechtzunge: Sie läuft in zwei Schlingen um den Kopf und kann weit aus dem Schnabel herausgestreckt werden. Sie dient als Tastwerkzeug in den Insektengängen und als Fangwerkzeug.*

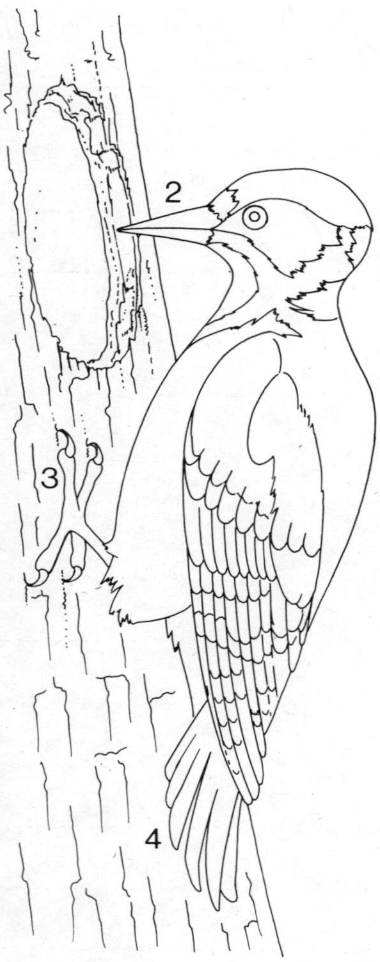

2 *Der Meißelschnabel: Er ist kräftig und nach vorne spitz zulaufend.*
Mit ihm trommelt der Specht, hämmert er Löcher in die Baumrinde auf der Suche nach Käferlarven, und zimmert er seine Höhlen.

3 *Der Kletterfuß: Zwei Zehen sind nach vorne und zwei nach hinten gerichtet; davon ist eine eine Wendezehe. Die Zehen können gespreizt werden und haben nach unten gebogene, feste Krallen.*
Die Kletterfüße geben dem Specht Halt wie die Steigeisen dem Telegrafenarbeiter.

4 *Der Stützschwanz: Er besteht aus festen, nach unten zugespitzten, elastischen Federn.*
Der Stützschwanz stützt den Specht beim Klettern ab.

 ISBN 3-12-030910-9

1. Benenne und beschreibe die Anpassungen des Buntspechts unter den angegebenen Ziffern und erkläre ihre Aufgaben.

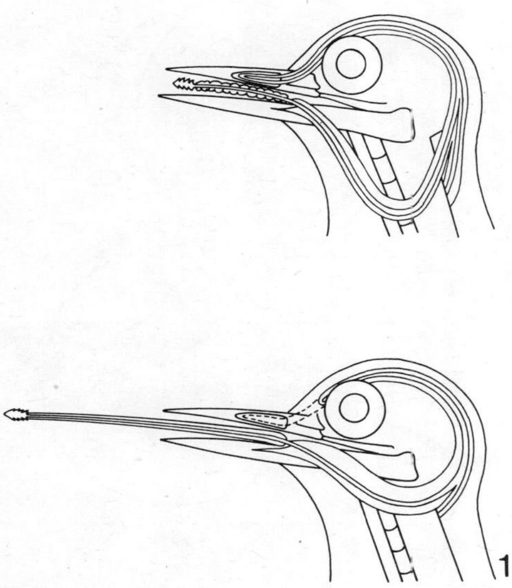

1

2

3

4

ISBN 3-12-030910-9

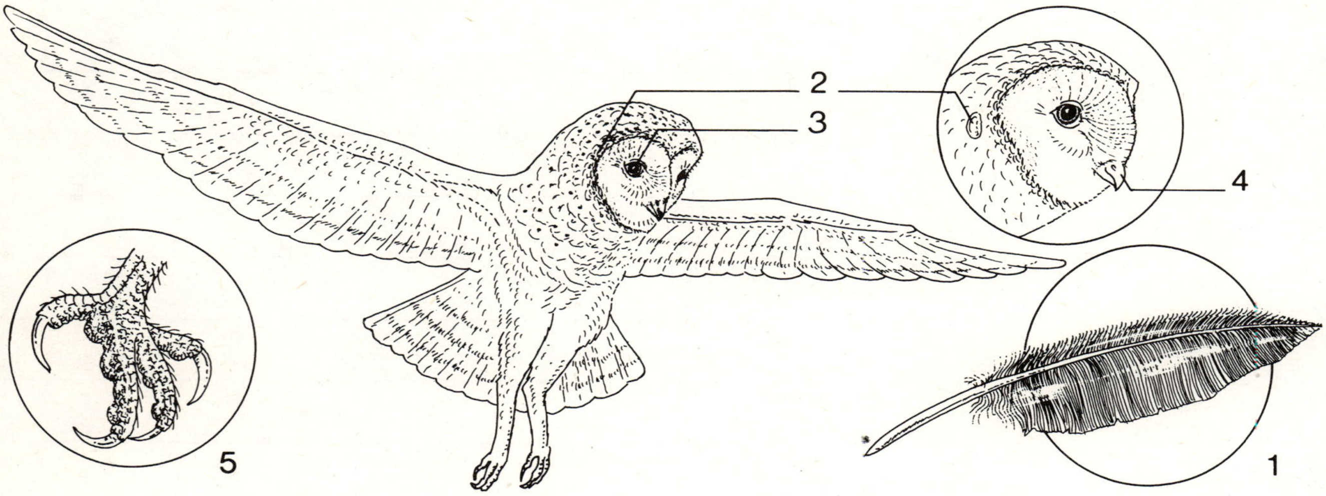

1. Benenne die Anpassungen der Schleiereule für die Jagd in der Nacht. Trage sie hinter den Ziffern in die Tabelle ein.

2. Vermute die Aufgaben der Anpassungen und ergänze diese in der Tabelle.

Anpassungen	deren Aufgaben
1 *Weiches Gefieder und Fransen an den Rändern der Schwungfedern*	*Ermöglicht einen lautlosen Flug*
2 *Herzförmiger Federkranz im Gesicht und ausgezeichnetes Gehör*	*Der Federkranz wirkt als Schalltrichter, das Gehör ist der Leitsinn bei der Jagd*
3 *Lichtempfindliche und nach vorne gerichtete Augen*	*Sicheres Erkennen der Beute auch bei sehr schwachem Licht*
4 *Hakenschnabel*	*Zerkleinern der Beute*
5 *Greiffuß mit spitzen Krallen und einer Wendezehe*	*Packen, Töten und Festhalten der Beute*

ISBN 3-12-030910-9

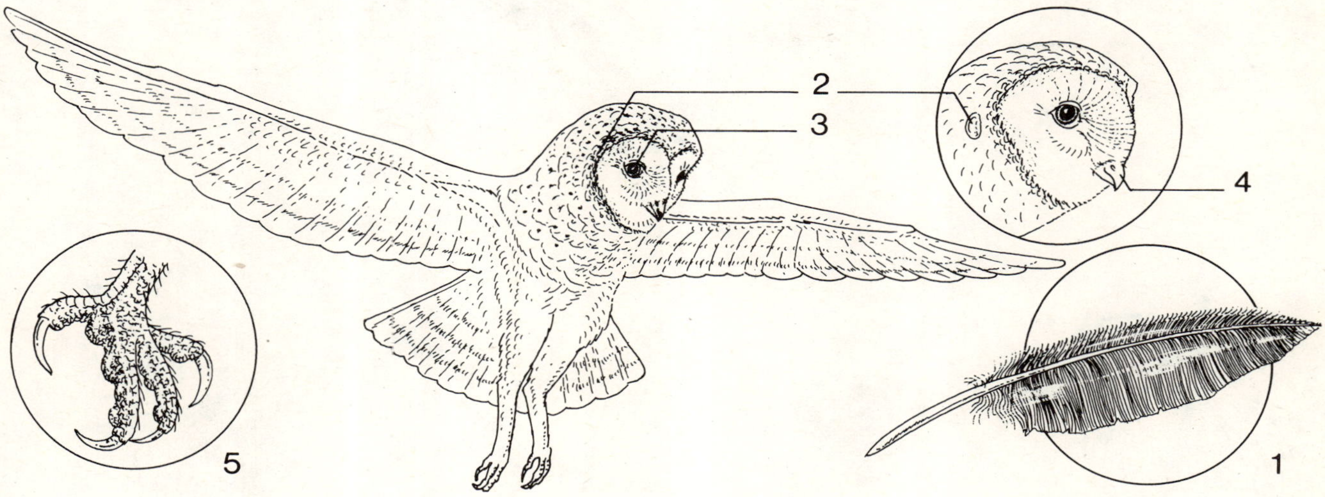

1. Benenne die Anpassungen der Schleiereule für die Jagd in der Nacht. Trage sie hinter den Ziffern in die Tabelle ein.

2. Vermute die Aufgaben der Anpassungen und ergänze diese in der Tabelle.

Anpassungen	**deren Aufgaben**
1	
2	
3	
4	
5	

 ISBN 3-12-030910-9

1. Vermute die Aufgaben der Anpassungen, die in der Tabelle links aufgeführt sind.

Anpassungen	deren Aufgaben
1 Weiches Gefieder und Zähnelung der Handschwingen	*Die weichen Federn dämpfen das Fluggeräusch, und die Zähnelung ermöglicht den lautlosen Flug.*
2 Die Färbung des Gefieders und seine Streifung	*Sie tarnt die Eule beim Tagesschlaf auf den Ästen von Bäumen.*
3 Ein Federkranz im Gesicht und nach vorne gerichtete Ohren	*Der Federkranz sammelt die Schallwellen, und mit den Ohren orten die Eulen in der Nacht ihre Beute.*
4 Die großen Augen und die Federborsten	*Die lichtempfindlichen Augen und die Federborsten dienen der Nahorientierung.*
5 Der Hakenschnabel	*Er dient zum Zerkleinern der Beute.*
6 Zehen mit dolchartigen Krallen.	*Mit den spitzen Krallen wird die Beute ergriffen und getötet.*
Die 4. Zehe ist eine Wendezehe.	*Mit der nach hinten gedrehten Wendezehe halten sich die Eulen sicher an Ästen fest.*

ISBN 3-12-030910-9

1. Vermute die Aufgaben der Anpassungen, die in der Tabelle links aufgeführt sind.

Anpassungen	**deren Aufgaben**
1 Weiches Gefieder und Zähnelung	
der Handschwingen	
2 Die Färbung des Gefieders und	
seine Streifung	
3 Ein Federkranz im Gesicht und	
nach vorne gerichtete Ohren	
4 Die großen Augen und die Feder-	
borsten	
5 Der Hakenschnabel	
6 Zehen mit dolchartigen Krallen.	
Die 4. Zehe ist eine Wendezehe.	

 ISBN 3-12-030910-9

1. Diese Übersicht stellt einige Eulenarten mit kurzen Steckbriefen vor. Leider sind die Abbildungen und die Steckbriefe durcheinander geraten. Schlagt in Bestimmungsbüchern nach, benennt die Eulenarten und ordnet die Steckbriefe richtig zu.

a Schleiereule

b Uhu

c Sumpfohreule

d Waldohreule

e Waldkauz

f Steinkauz

Steckbrief 1: *Steinkauz*

Steckbrief 2: *Waldkauz*

Steckbrief 3: *Uhu*

Steckbrief 4: *Waldohreule*

Steckbrief 5: *Schleiereule*

Steckbrief 6: *Sumpfohreule*

ISBN 3-12-030910-9

1. Diese Übersicht stellt einige Eulenarten mit kurzen Steckbriefen vor. Leider sind die Abbildungen und die Steckbriefe durcheinander geraten. Schlagt in Bestimmungsbüchern nach, benennt die Eulenarten und ordnet die Steckbriefe richtig zu.

a

Steckbrief 1

Länge = 22 cm, Gewicht = 155 – 200 g. Kennzeichen: kurzschwänzige, kleine Eule mit niedriger Stirn. Lebensraum: offene, wiesenreiche Landschaft mit einem ausreichenden Angebot an Höhlen (Kopfweiden, Scheunen) und Tagesruheplätzen. Aktivität: abendliche Hauptaktivität in der Dämmerung, auch nachts und tagsüber. Jagdweise: Ansitzjagd und niedriger Suchflug. Beute: Feldmäuse, Insekten, auch Vögel.

b

Steckbrief 2

Länge = ♂ 40 cm, ♀ 42 cm; Gewicht = ♂ 300 – 550 g, ♀ 350 – 700 g. Kennzeichen: gedrungen, runder Kopf ohne Federohren. Reviergesang: huuu-hu-uuuuu. Lebensraum: lichte Laub- und Mischwälder, Parkanlagen. Bevorzugt Baumhöhlen, auch Höhlen in Gebäuden. Aktivität: Dämmerung, nachts. Jagdweise: Wartenjäger, Jagd im Suchflug (z. B. nach fliegenden Vögeln). Beute: hauptsächlich Wühlmäuse, auch Vögel und Amphibien.

Steckbrief 3

Länge = ♂ 63 – 68 cm, ♀ 67 – 73 cm; Gewicht = ♂ 2 – 2,5 kg, ♀ 2,5 – 3,2 kg. Kennzeichen: Größte einheimische Eule mit Federohren. Stimme: Männchen singt monoton gereiht buho oder uuo, Weibchen singt rauher, höher u-hu oder u-ju. Lebensraum: ausgedehnte Wälder und zerklüftete Gebirgslandschaften. Aktivität: Dämmerung und Nacht. Jagdweise: Kombinierte Pirsch- und Ansitzjagd. Beutetiere werden im Schlaf oder in einer frühen Fluchtphase überrascht. Beute: Säugetiere bis zur Größe von Hasen, Vögel vom Sperling bis zum Mäusebussard, auch Reptilien, Amphibien und Insekten.

c

Steckbrief 4

Länge = 36 cm, Gewicht = 270 – 350 g. Kennzeichen: häufige, mittelgroße, schlanke, bräunliche Eule mit langen Federohren. Stimme: Männchen leise monoton gereihtes huh, Weibchen leise üüüa. Lebensraum: Feldgehölze oder Baumgruppen, jagt vorwiegend in offenem Gelände. Aktivität: Dämmerung und Nacht. Jagdweise: Selten in der Ansitzjagd, überwiegend durch Flugjagd, wobei der Beutestoß im Gleitflug erfolgt. Beute: Feldmäuse können 70 – 90 % der Beute ausmachen, dazu kommen noch andere Kleinnager und Insekten. In feldmausarmen Jahren stellen Singvögel die Ersatznahrung dar.

d

Steckbrief 5

Länge = 34 cm, Gewicht = 300 – 350 g. Kennzeichen: häufige, helle Eule mit herzförmigem Gesichtsschleier. Lebensraum: tiefergelegene, waldarme Siedlungsgebiete. Brutplätze in störungsfreien Kirchtürmen, Scheunen, Ruinen und Taubenschlägen. Aktivität: nachts. Jagdweise: Ansitzjagd oder lautloser Suchflug mit niedrigen Gleitstrecken. Die Beute wird akustisch geortet oder auch in Sichtjagd bei geringen Lichtmengen. Beute: hauptsächlich Feldmäuse, aber auch Ratten, Maulwürfe und Kleinvögel.

e

Steckbrief 6

Länge = 45 cm, Gewicht = 300 – 450 g. Kennzeichen: Seltener Brutvogel, häufiger Wintergast. Aussehen ähnlich der Waldohreule, aber nur kleine Federohren, die beim erregten Vogel zu erkennen sind. Stimme: Reviergesang Männchen leicht ansteigendes bu bu bu ... in Imponierflügen oder im Sitzen. Lebensraum: Offene Landschaften mit niedriger, deckungsreicher Vegetation (Tundra, Moore). Aufzucht der Jungen in einer Mulde. Aktivität: außerhalb der Brut vorwiegend dämmerungsaktiv, bei Nahrungsknappheit und in der Balz auch tagaktiv. Jagdweise: Meist in Flugjagd (niedriger Suchflug, Rüttelflug). Ansitzjagd von etwas erhöhten Stellen. Beute: Hauptnahrung Wühlmäuse, Ausweichnahrung andere Kleinsäuger oder Vögel.

f

 ISBN 3-12-030910-9

Eulen schlucken ihre Beute, überwiegend Nagetiere und Insektenfresser, unzerkleinert. Im Magen wird dann das Verdauliche an den Dünndarm weitergegeben, während Unverdauliches, wie Haare, Federn und Knochen, als Speiballen oder Gewölle wieder ausgewürgt werden. Durch die Bestimmung der Skeletteile können wir herausfinden, welche Beutetiere Eulen fressen.

1. Sammle Eulengewölle. Hinweise zu Fundorten können Förster und Landwirte geben.

2. Bestimme die Eulenart, von der die Gewölle stammen, mit Hilfe der Tabelle.

Bestimmungstabelle für Eulengewölle

Länge (in cm)	Dicke (in cm)	Form	Farbe	Fundort	Eulenart
4-8	3	glatt, groß, abgerundet	schwarz	Kirchen, Scheunen, Häuser	Schleiereule
4-7	2-3	schlank, walzenförmig	grau	Waldrand, Feldgehölze	Waldohreule
4-6	unbestimmt	dick, unregelmäßig	grau	Wald, Park	Waldkauz
4-6	1,5	besonders schlank	grau	Kirchen, Steinbrüche	Steinkauz

3. Bildet Arbeitsgruppen zu zwei bis drei Schülern. Zerzupft getrocknete Gewölle mit Pinzetten und Präpariernadeln.
Vorher sollten die Gewölle über mehrere Stunden in einem Brutschrank bei 150° erhitzt werden, um möglicherweise enthaltene Krankheitskeime abzutöten.

4. Schneidet die Abbildung des Mäuseskeletts aus und klebt sie auf Karton auf. Versucht aus den Knochen des Gewölles ein vollständiges Mäuseskelett aufzukleben.
Nachdem ihr das Aufkleben beendet habt, könnt ihr euer Präparat mit einer selbstklebenden, durchsichtigen Klarsichtfolie dauerhaft schützen.

5. Bestimmt anhand der Zeichnungen die Herkunft und Anzahl der Schädel und Kieferteile in euren Gewöllen.

6. Sammelt die Ergebnisse der ganzen Klasse:

kleine Wühlmäuse ______________

echte Mäuse ______________

Spitzmäuse ______________

Vögel ______________

Lurche ______________

Restbeute ______________

7. Forscher haben die Zusammensetzung der Beutetiere von vier Eulenarten anhand von Gewöllen bestimmt und sind zu folgenden Ergebnissen gelangt:

Zusammensetzung von Gewöllen

	Waldohreule	Waldkauz	Schleiereule	Steinkauz
kleine Wühlmäuse	82,0 %	49,9 %	55,2 %	78,6 %
echte Mäuse	8,3 %	14,0 %	14,4 %	10,6 %
Spitzmäuse	0,4 %	3,6 %	25,3 %	2,2 %
Vögel	8,8 %	13,9 %	3,2 %	2,5 %
Lurche	–	11,1 %	0,6 %	5,4 %
Restbeute	0,5 %	7,5 %	1,3 %	0,7 %

Beschreibt die Zusammensetzung der Nahrung der vier Eulenarten und vergleicht dies mit euren Ergebnissen.

 ISBN 3-12-030910-9

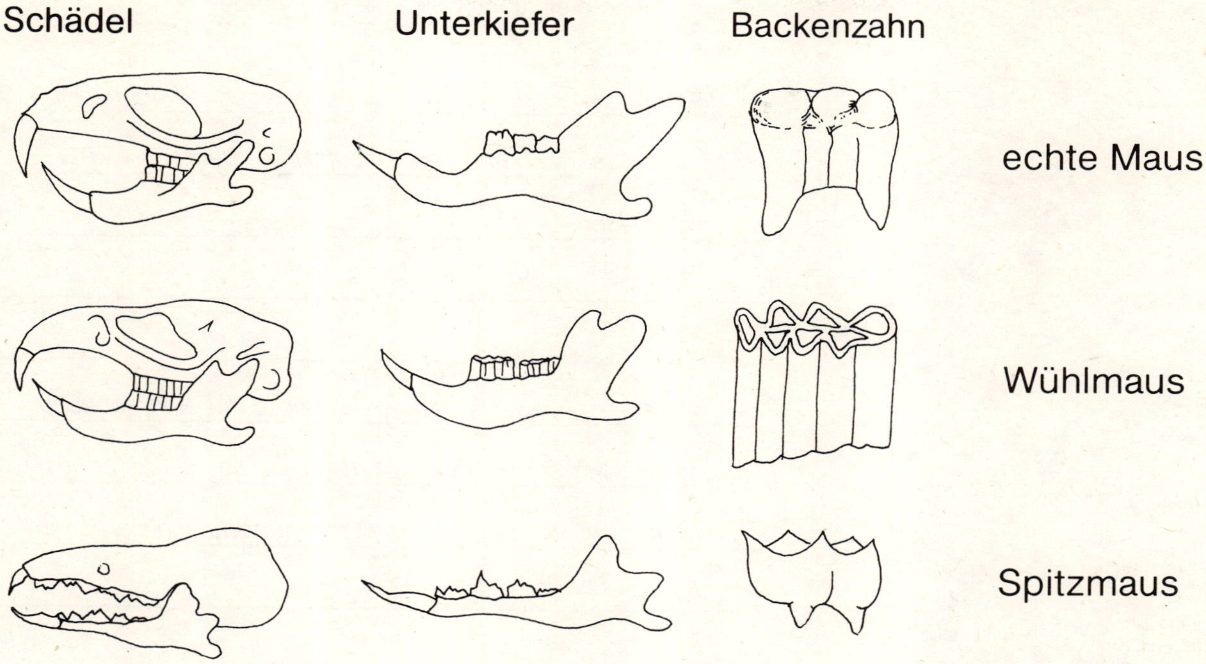

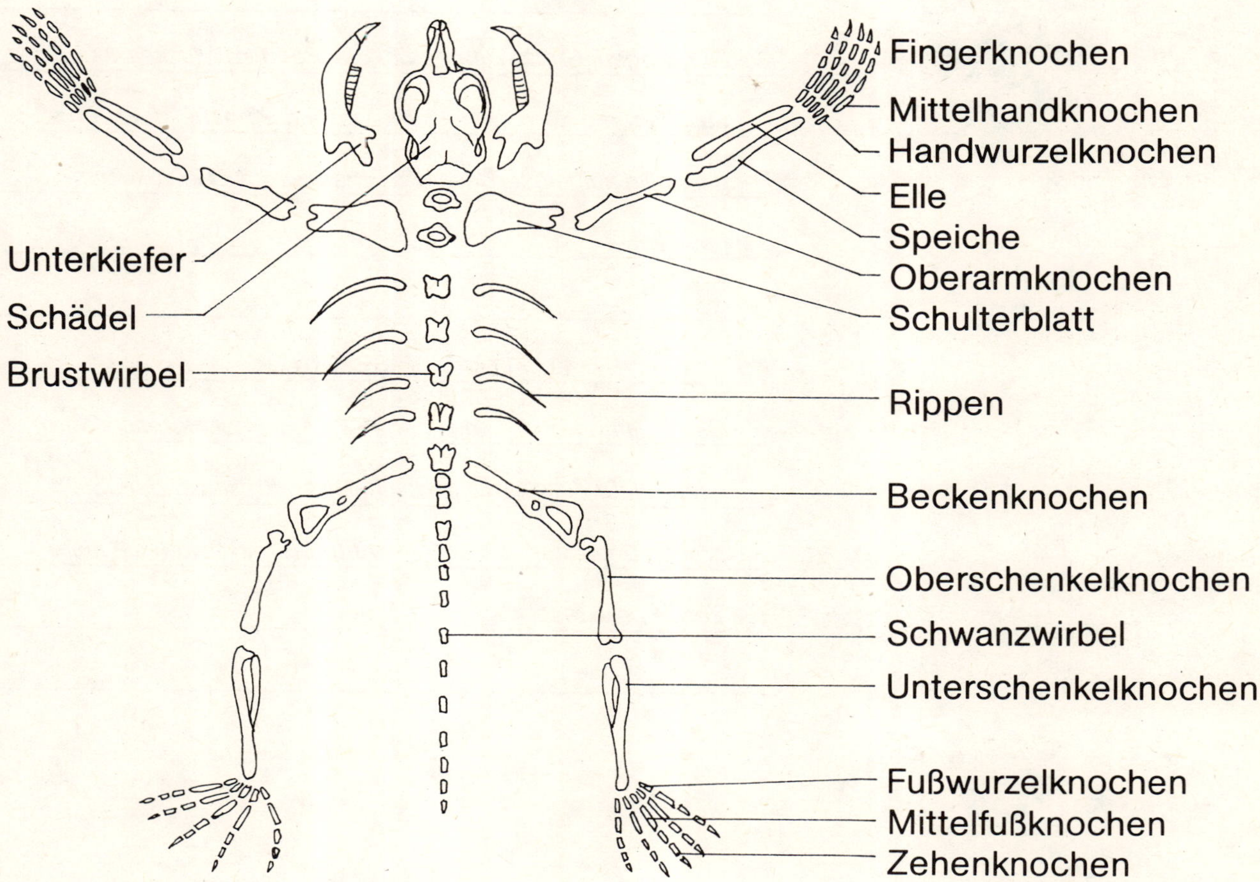

ISBN 3-12-030910-9

____

1. Trage die Anpassungen des Greifvogels hinter den Ziffern ein und erkläre deren Aufgaben.

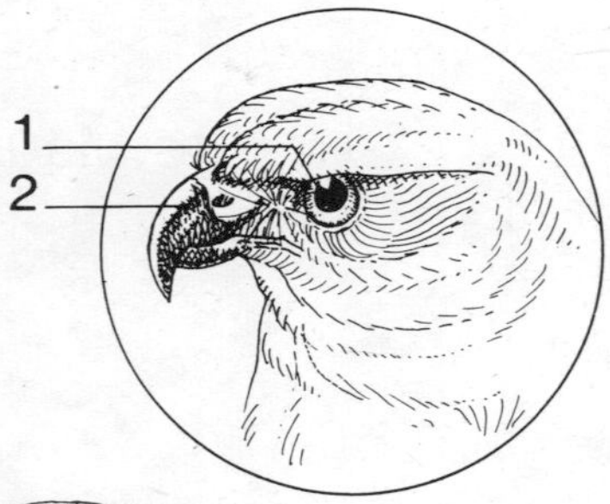

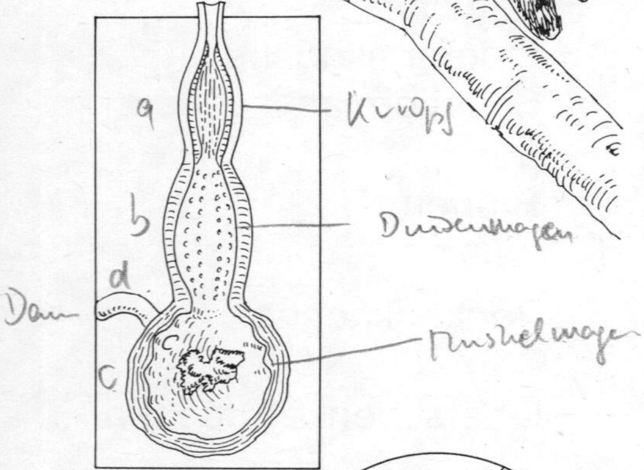

3

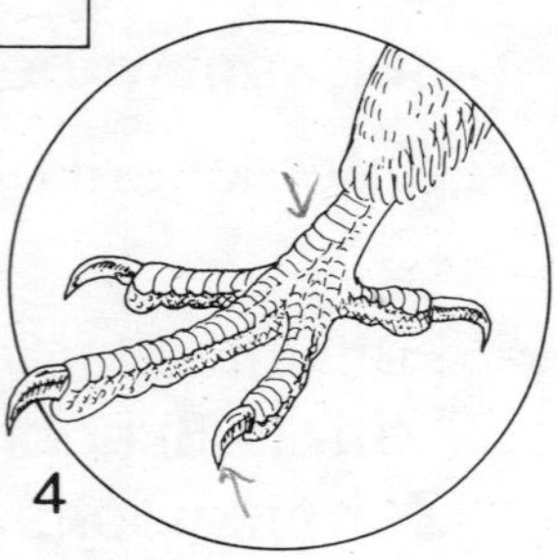

4

1 *Die Augen: Sie haben ein hohes Auflösungsvermögen. Der Mäusebussard erkennt damit auch kleine Beutetiere aus großer Höhe.* 8x besser als Mensch

2 *Der Hakenschnabel besitzt an der Spitze des Oberschnabels* a) *einen Reißhaken, mit dem er Stücke aus der Beute heraus-reißen kann. Mit dem hinteren Schneideschnabel zerteilt er die Beute.*

3 *Der Magen: Große Beutestücke werden im Muskelmagen durch starke Verdauungssäfte verdaut. Knochen werden sogar völlig aufgelöst, Unverdauliches wird als Gewölle ausgewürgt.* (Federn, Haare)

a) Kropf b) Drüsenmagen
c) Muskelmagen d) Darm

4 *Die Greiffüße oder Fänge haben kräftige, mit Hornschildern geschützte Zehen, die in dolchartigen Krallen enden. Sie greifen und töten die Beute (Grifftöter) und halten sie beim Zerkleinern fest.*

ISBN 3-12-030910-9

1. Trage die Anpassungen des Greifvogels hinter den Ziffern ein und erkläre deren Aufgaben.

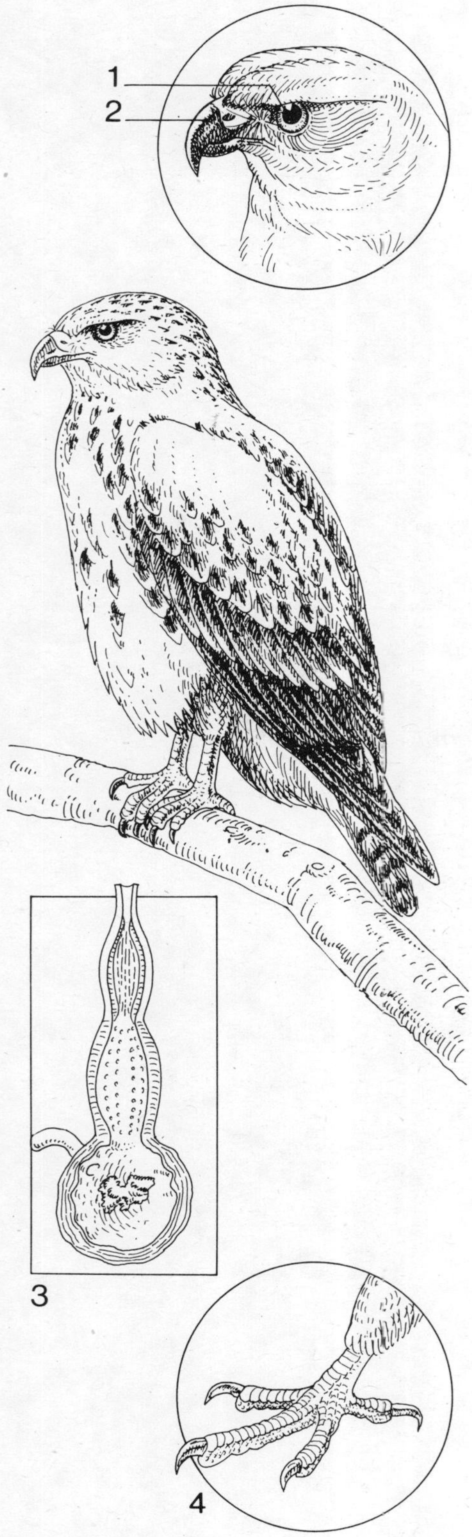

1

2

3

4

ISBN 3-12-030910-9

1. Beschreibe die einzelnen Phasen der Jagd beim Mäusebussard und beim Turmfalken.

Mäusebussard

1 Ausspähen nach Beute im Segelflug
2 Gleitflug zum Ansitz
3 Spähplatz (Ansitz)
4 Beutegreifen im Gleitflug
5 Abstreichen zum Horst
6 Kröpfen auf dem Horst, Füttern der Jungen

Turmfalke

1 Spähplatz
2 Ruderflug über dem Boden
3 Rüttelflug zum Ausspähen der Beute
4 Sturzflug auf die Beute zu
5 Beutefang
6 Abstreichen zum Horst

2. Vergleiche die Jagdweise der beiden Greifvögel und benenne Unterschiede.

– *Beim Ausspähen sitzt der Mäusebussard auf einem Ansitz, oder er segelt (selten rüttelt er auch). Die Beute greift er im Gleitflug.*
Der Turmfalke erspäht die Beute rüttelnd; er ergreift sie im Stoßflug.
Der Mäusebussard kann kurz als ein Späh- und Gleitfluggreifer, der Turmfalke hingegen als ein Späh- und Stoßfluggreifer charakterisiert werden.

ISBN 3-12-030910-9

____

1. Beschreibe die einzelnen Phasen der Jagd beim Mäusebussard und beim Turmfalken.

2. Vergleiche die Jagdweise der beiden Greifvögel und benenne Unterschiede.

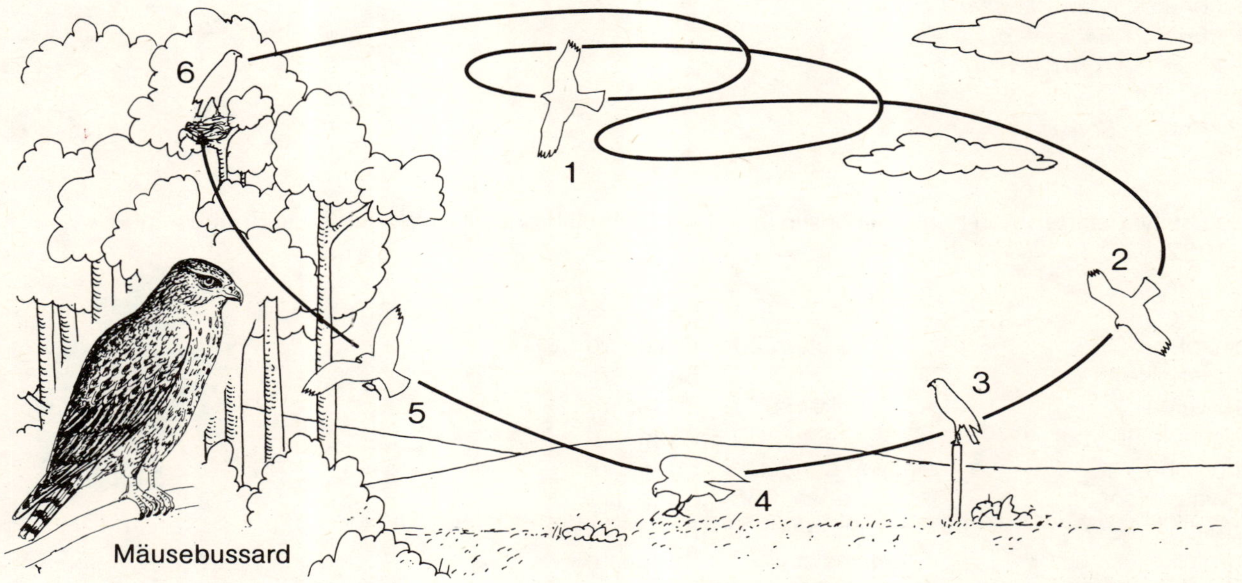

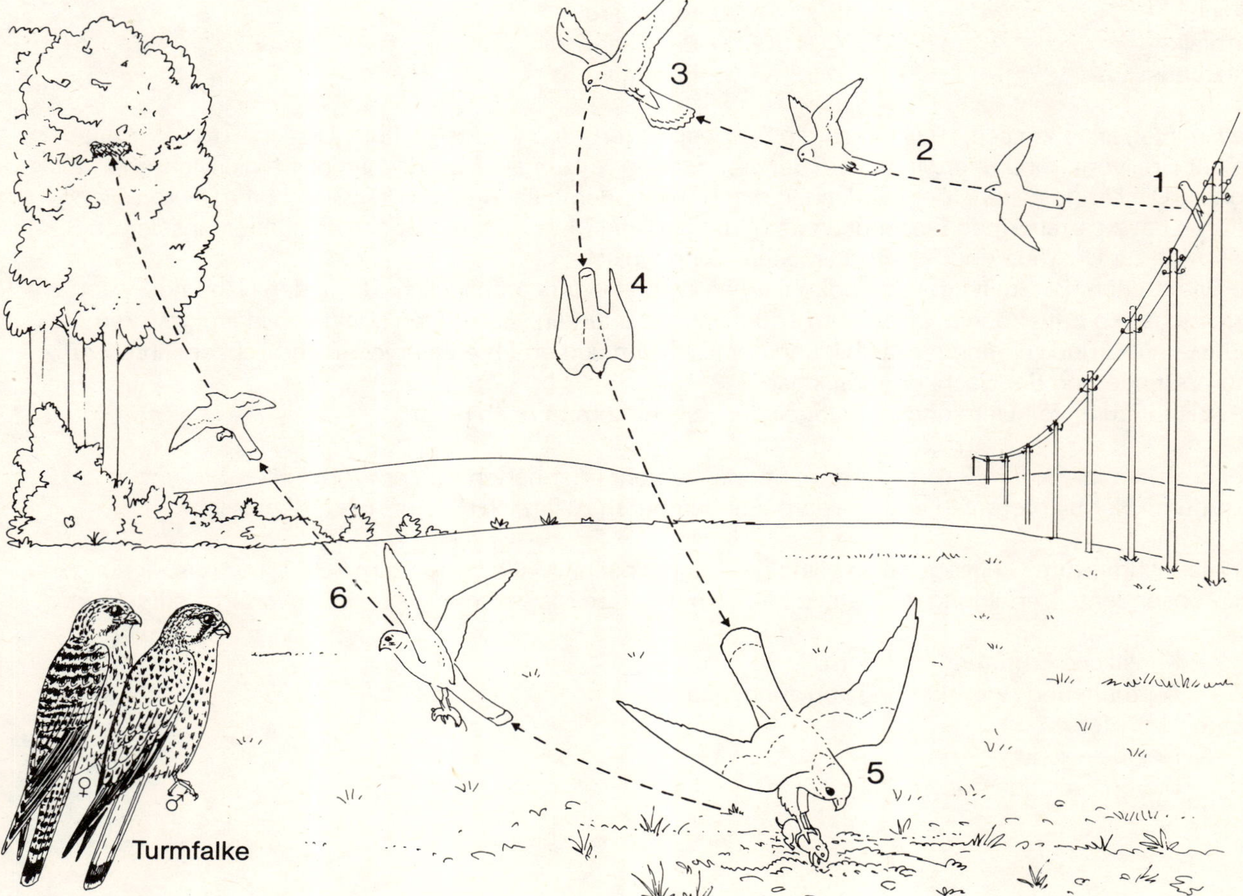

 ISBN 3-12-030910-9

1. Die Übersicht zeigt einige Greifvogelarten mit kurzen Steckbriefen. Leider sind die Steckbriefe in der Zuordnung zu den Abbildungen verwechselt worden. Schlagt in Bestimmungsbüchern nach, welche Steckbriefe zu den einzelnen Greifvogelarten gehören und benennt die Greifvogelarten.

Steckbrief 1: *Mäusebussard b*
Steckbrief 2: *Habicht c*
Steckbrief 3: *Turmfalke a*
Steckbrief 4: *Steinadler e*
Steckbrief 5: *Rotmilan d*

Viele Greifvogelarten sind heute bei uns in ihrer Existenz gefährdet. MEBS gibt folgende Brutbestände an (1982):

Seeadler	4–5	Brutpaare
Steinadler	etwa 20	Brutpaare
Wanderfalke	50–60	Brutpaare
Kornweihe	keine 10	Brutpaare
Wiesenweihe	keine 100	Brutpaare
Rohrweihe	einige hundert	Brutpaare
Schwarzmilan	etwa 560	Brutpaare
Rotmilan	etwa 1100	Brutpaare
Baumfalke	geschätzt 920	Brutpaare
Wespenbussard	3000–4000	Brutpaare
Sperber	6000–8000	Brutpaare
Habicht	6000–8000	Brutpaare
Turmfalke	20000–30000	Brutpaare
Mäusebussard	30000	Brutpaare

Die Greifvögel stehen seit 1977 durch die Bundesjagdverordnung unter Schutz. Ursachen für die Abnahme der Greifvögel sind überwiegend in der veränderten Nutzung der Landschaft durch die Menschen zu suchen. Die Umgestaltung der Landschaft durch die moderne Land- und Forstwirtschaft mit ihren Monokulturen hat zu artenarmen Biozönosen geführt. Für diese Monokulturen ist ein verstärkter Einsatz von Pestiziden zur Unkraut- und Schädlingsbekämpfung typisch.
Die Gifte treffen die Greifvögel als Endkonsumenten besonders empfindlich. Die in den Nahrungsketten angereicherten Gifte können direkt zum Tod des Vogels führen, sie können aber auch indirekt wirken. Verluste auf Grund zu geringer Ausbildung der Eischalen und erhöhte Embryonensterblichkeit führen zu einer Verringerung der Nachkommenschaft.
Die Aushorstung von Eiern und Jungvögeln für Falkner kommt noch hinzu.

Weitere Tiere fallen dem Stromtod, dem Straßenverkehr oder harten Wintern zum Opfer. Störungen am Nest durch Hobbyfotografen und Waldarbeiter verringern zusätzlich die Aufzuchtergebnisse.

Als Maßnahme zum Greifvogelschutz sind gesetzgeberische Maßnahmen zum Schutz vor Aushorstungen und konsequente Verfolgung der Täter zu fordern. Weitere Maßnahmen seien stichwortartig aufgeführt:

- Künstliche Erbrütung von Eiern,
- Aufzucht und Auswilderung von Jungvögeln,
- Nisthilfen,
- Nestbewachung,
- Biotopmanagement.

 ISBN 3-12-030910-9

1. Die Übersicht zeigt einige Greifvogelarten mit kurzen Steckbriefen. Leider sind die Steckbriefe in der Zuordnung zu den Abbildungen verwechselt worden. Schlagt in Bestimmungsbüchern nach, welche Steckbriefe zu den einzelnen Greifvogelarten gehören und benennt die Greifvogelarten.

Steckbrief 1 Länge: 51 - 56 cm. Gewicht: ♂ 600 - 900 g, ♀ 800 - 1200 g. Kennzeichen: mittelgroß, breite Flügel, relativ kurzer Schwanz. Flug: Segelflug. Stimme: miauend "hiäh". Lebensraum: Wald (Horst) und offenes Gelände (Beute). Jagdweise: Ansitz, Späh- und Gleitfluggreifer. Beute: vorwiegend Mäuse.

Steckbrief 2 Länge: 48 - 61 cm. Gewicht ♂ 600 - 850 g, ♀ 900 - 1300 g. Kennzeichen: Unterseite quergebändert; kurze, breite, runde Flügel und langer Schwanz; im Stoßflug reißend schnell. Stimme: selten "hiäh", Warnruf "gik-gik-gik". Lebensraum: Wald. Jagdweise: Pirsch- und Startfluggreifer. Beute: bevorzugt Vögel (z.B. Tauben, Eichelhäher).

Steckbrief 3 Länge: 32 - 34 cm. Gewicht: 200 - 250 g. Kennzeichen: rotbraune Oberseite, relativ lange, spitze Flügel und langer Schwanz; Falkenzahn am Oberschnabel; Flug mit Rüttelphasen. Stimme: Rufreihen "kikikiki...". Lebensraum: offene Landschaft, auch in Städten. Jagdweise: rüttelnder Späh- und Stoßfluggreifer. Beute: bevorzugt Mäuse.

Steckbrief 4 Länge: 79 - 95 cm. Gewicht: ♂ 3 - 4,5 kg, ♀ 4 - 6,6 kg. Kennzeichen: sehr großer Greifvogel, befiederte Läufe. Flug: Segelflug und Gleitflug. Lebensraum: Gebirgslandschaften (Alpen). Jagdweise: Spähflug- und Gleitstoßgreifer. Beute: meist mittelgroße Säugetiere (z.B. Murmeltiere) und Vögel (Schneehühner), auch Aas.

Steckbrief 5 Länge: 61 cm. Gewicht: 1000 - 1300 g. Kennzeichen: bussardgroß, rostrot, mit tief gegabeltem Schwanz. Lebensraum: reich gegliederte Landschaft mit Wald und Gewässern. Jagdweise:Gleitfluggreifer. Beute: Vögel bis Hühnergröße, Säugetiere bis Hasengröße, Lurche, Kriechtiere, auch Abfälle und Aas.

 ISBN 3-12-030910-9

Die Flugbilder der Greifvögel werden mit einem Epidiaskop vergrößert (bis der Umriß des Steinadlers etwa 30 cm groß ist) und auf einen schwarzen Karton mit einem weißen Stift nachgezeichnet. Diese Umrisse schneidest du dann aus.

Da die Flugbilder der Greifvögel beim Mobile von unten sichtbar sein sollen, müssen die Flugbilder waagrecht aufgehängt werden. Dazu werden in der Mitte jedes Kartonmodells 4 Löcher eingestochen, durch die 2 Fäden dünner Anglerschnur gezogen werden, die dann – verknotet – die Aufhängung für die Schnur zum Querstab des Mobiles bilden.

Als Querstäbe schneidest du 4 Stück von 20 cm und 1 Stück von 40 cm Länge aus Rundholzstäbchen von 4 mm Durchmesser, wie du sie in Bastelgeschäften erhältst.

Der erste Querstab wird 40 cm lang. An dessen Enden wird jeweils über ein Stück Anglerschnur ein Querstab von 20 cm Länge befestigt. Dieser trägt an dem einen Ende das Flugbild eines Greifvogels und am anderen Ende über Anglerschnur den nächsten Querstab mit zwei Flugbildern von Greifvögeln. Du mußt jetzt das Mobile in Einzelschritten ausbalancieren, indem du die Aufhängeschnüre etwa in der Mitte der Querstäbe jeweils so lange verschiebst, bis dieses Teil im Gleichgewicht ist.

Viel Spaß beim Basteln!

Diese Bastelanleitung basiert auf der Veröffentlichung von Böhlmann, D.: Die Konstruktion von Mobiles bei der Behandlung der Ordnung der Vögel, in: Praxis der Naturwissenschaften Biologie, Heft 7, Seite 121 – 124, 1967.

Weiter vorbereitet lassen sich die Bastelmaterialien von der Firma Schlüter beziehen:
- Best.Nr. 2154 a: Mobile Greifvögel
- Best.Nr. 2154 b: Mobile Wasser- und Sumpfvögel
- Best.Nr. 2154 c: Küsten- und Watvögel

Weitere Anregungen zum Bau von „Greifvogel-Flugbildern" und Flugmodellen von Vögeln bietet das gleichnamige Material von J. Weber vom SZU (Schweizerisches Zentrum für Umwelterziehung des WWF, Adresse: CH-4800 Zofingen, Rebergstraße) oder zu beziehen über den BUND Lehrerservice, Erbprinzenstraße 18, 7800 Freiburg.

ISBN 3-12-030910-9

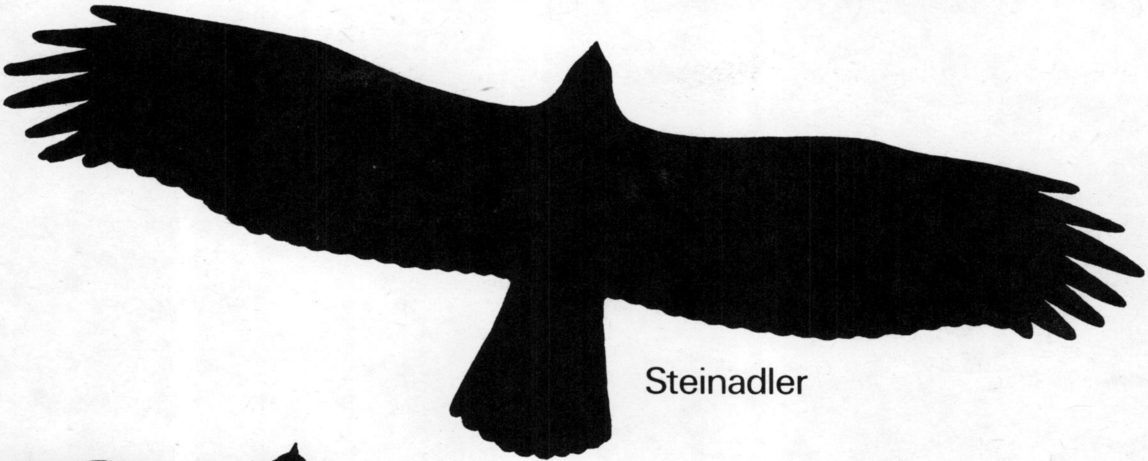

Steinadler

Mäusebussard

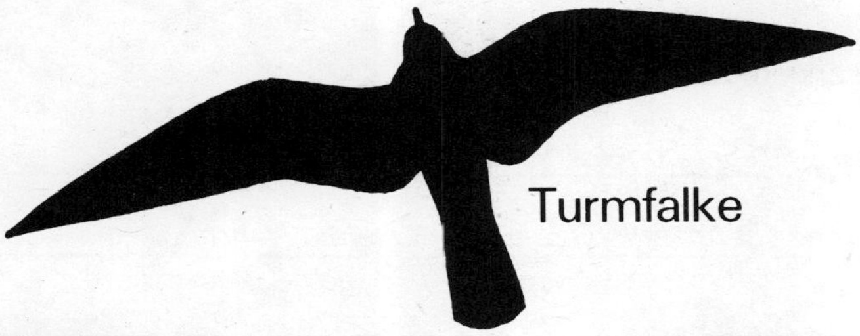

Turmfalke

Habicht

Rotmilan

Rohrweihe

ISBN 3-12-030910-9

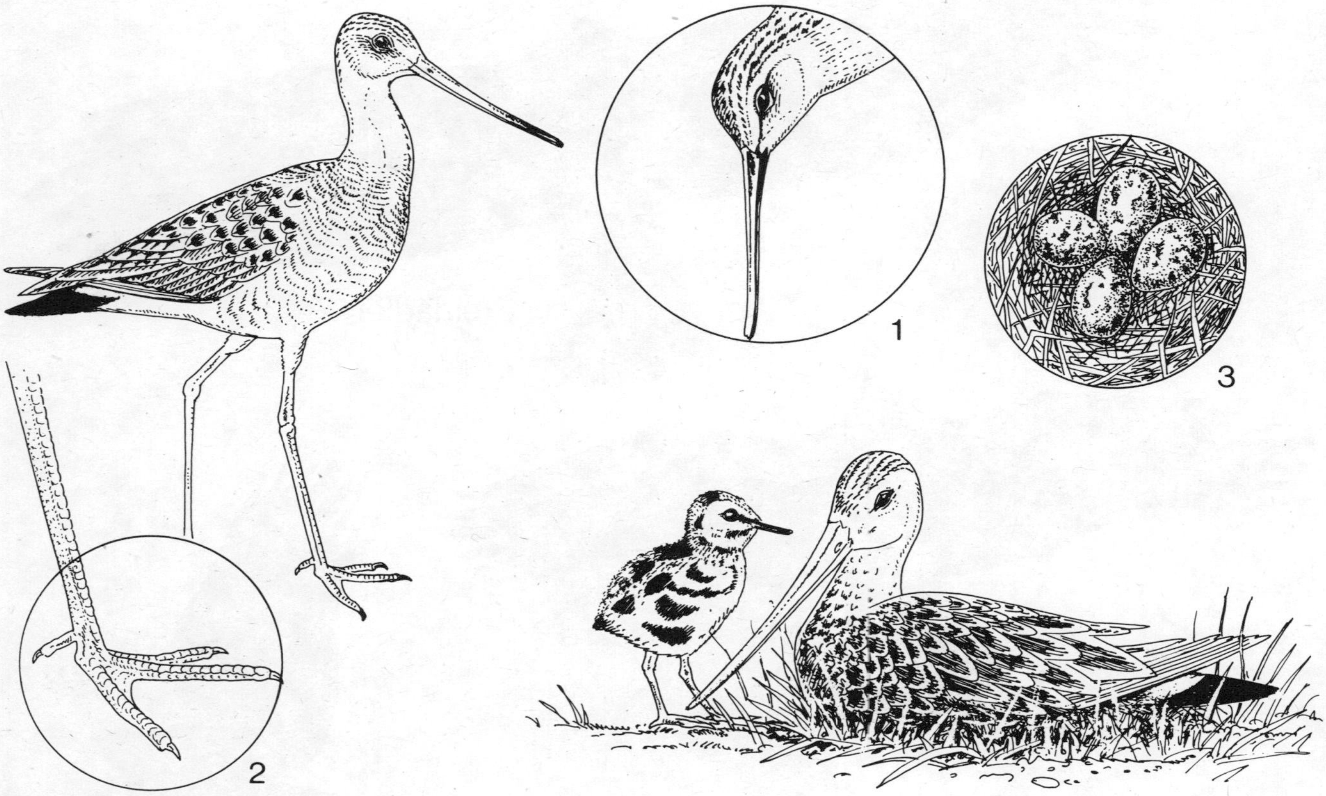

1. Benenne die Anpassungen der Uferschnepfe und erkläre deren Aufgaben.

1 *Der Stocherschnabel: Mit dem langen, pinzettenartigen Schnabel stochert die Uferschnepfe in feuchtem Boden nach Nahrung. Mit dem Tastsinn der Schnabelspitze erkennt sie die Nahrung.*

2 *Die Stelzfüße: Mit den langen Beinen können Uferzonen von Gewässern durchwatet werden. Die spreizbaren Zehen verhindern das Einsinken in weichen Boden.*

3 *In eine einfach gedrehte Bodenmulde werden 4 tarnfarbige Eier gelegt. Die Jungen tragen ein tarnfarbiges Daunenkleid; sie sind Nestflüchter.*

 ISBN 3-12-030910-9

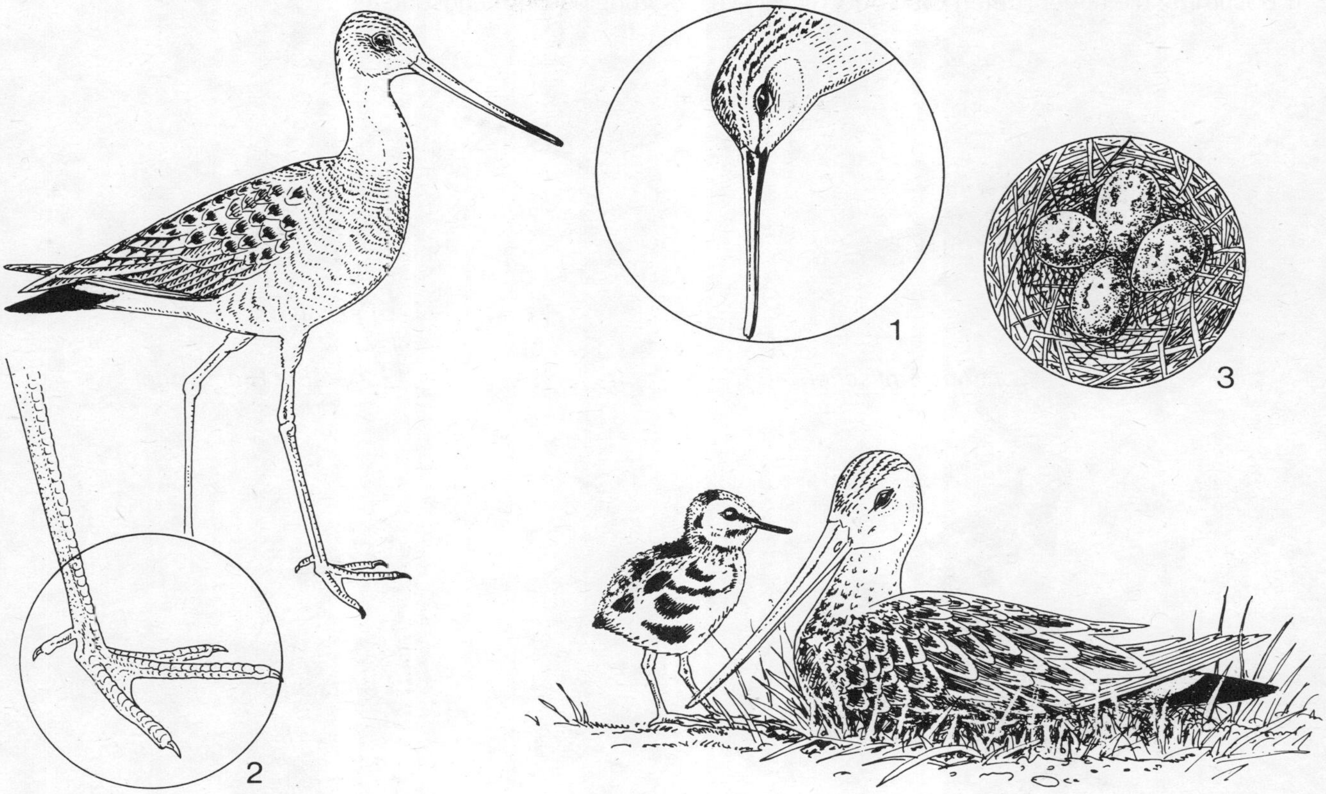

1. Benenne die Anpassungen der Uferschnepfe und erkläre deren Aufgaben.

1

2

3

 ISBN 3-12-030910-9

1. Bestimme die abgebildeten Watvögel mit Hilfe eines Vogelbestimmungsbuches.

1 Austernfischer

2 Großer Brachvogel

3 Kiebitz

4 Uferschnepfe

5 Sandregenpfeifer

6 Rotschenkel

7 Kampfläufer

8 Alpenstrandläufer

9 Flußuferläufer

10 Säbelschnäbler

 ISBN 3-12-030910-9

1. Bestimme die abgebildeten Watvögel mit Hilfe eines Vogelbestimmungsbuches.

1 ______

2 ______

3 ______

4 ______

5 ______

6 ______

7 ______

8 ______

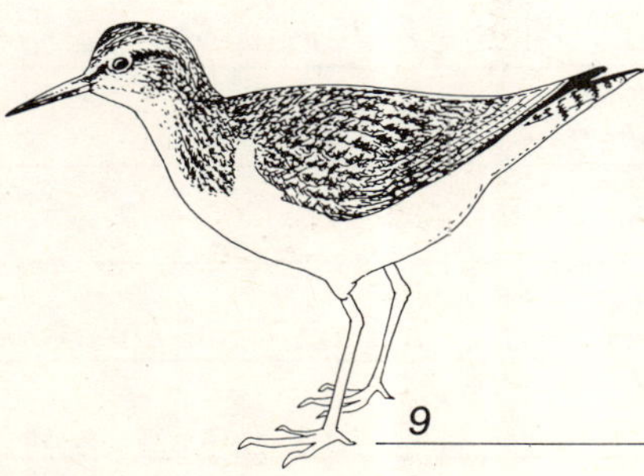
9 ______

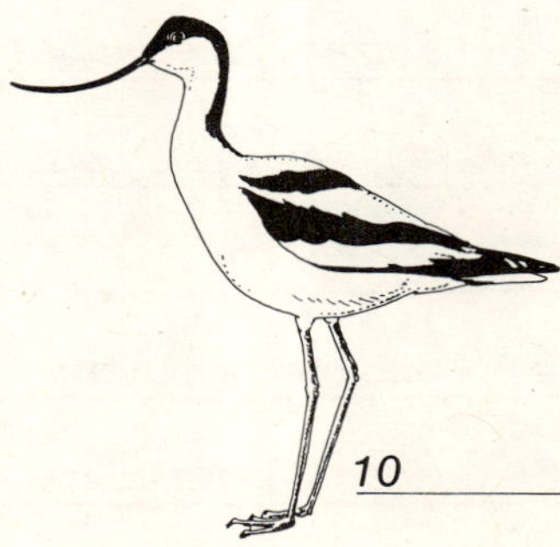
10 ______

ISBN 3-12-030910-9

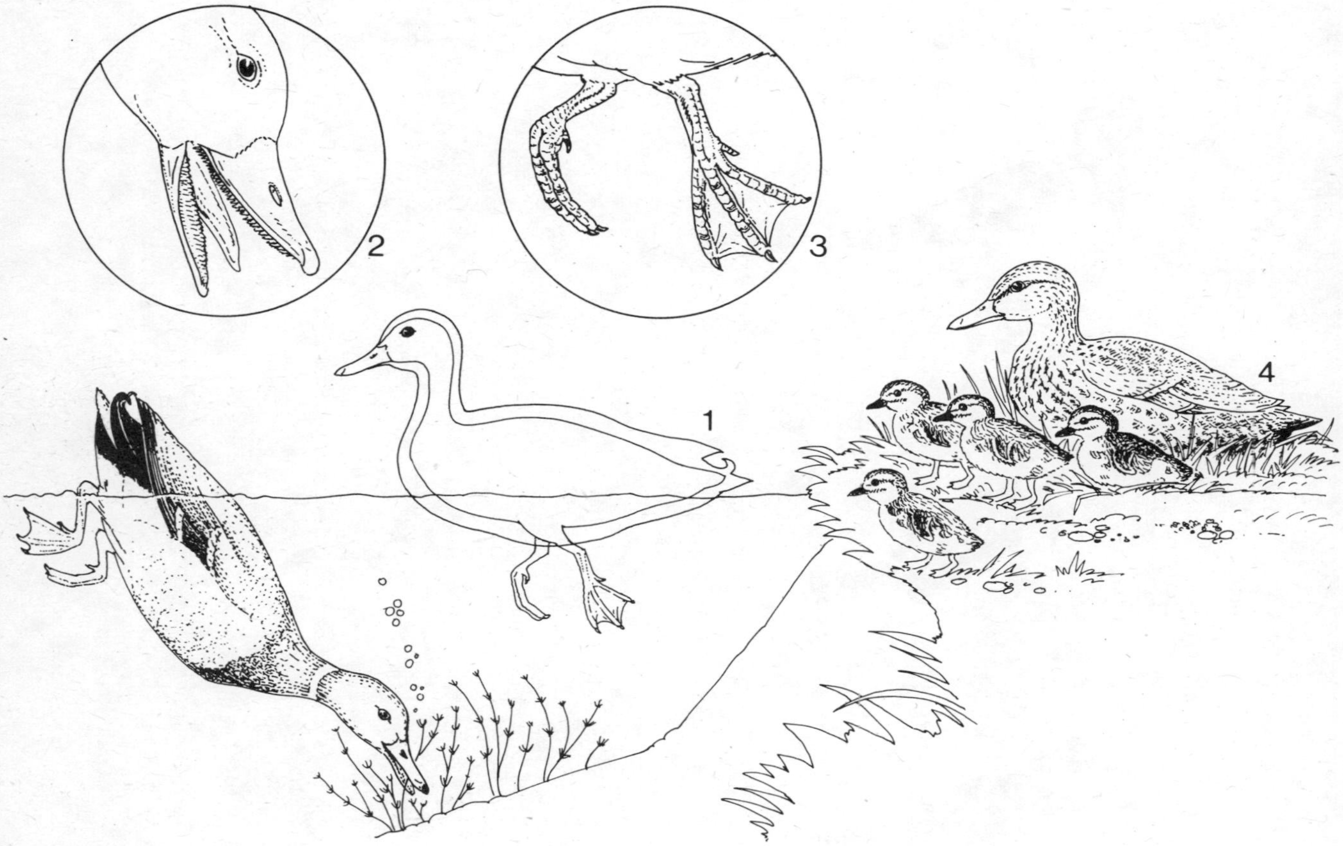

1. Erkläre die Anpassungen der Stockente unter den zugehörigen Ziffern.

1 Die kahnförmige Körpergestalt *bewirkt eine stabile Lage im Wasser. Die im wasserabstoßenden Gefieder enthaltene Luft und die Fettschicht schützen den Körper vor einer Auskühlung im Wasser.*

2 Der Seihschnabel *filtert mit seinen Hornlamellen die Nahrungsteilchen aus dem Wasser.*

3 Die Schwimmfüße *besitzen Schwimmhäute zwischen den Zehen. Beim Rückschlag werden sie ausgespannt. Beim Vorziehen bleiben sie zwischen den Zehen eingefaltet.*

4 Stockenten sind Bodenbrüter: *Das Tarnkleid schützt das Weibchen beim Brüten vor der Entdeckung durch Feinde. Die Jungen sind Nestflüchter.*

 ISBN 3-12-030910-9

1. Erkläre die Anpassungen der Stockente unter den zugehörigen Ziffern.

1 Die kahnförmige Körpergestalt

2 Der Seihschnabel

3 Die Schwimmfüße

4 Stockenten sind Bodenbrüter:

 ISBN 3-12-030910-9

1. Betrachte die Abbildungen und fülle dann die Tabelle aus.

Kennzeichen	Schwimmenten	Tauchenten
Lage des Körpers im Wasser	*Ragt hoch aus dem Wasser*	*Liegt tief im Wasser*
Art der Nahrungssuche	*Gründeln*	*Tauchen*
Abflug vom Wasser	*Lösen sich fast senkrecht vom Wasser*	*Rennen beim Abflug erst ein Stück über die Wasseroberfläche*
Lebensraum	*Vegetationsreiche Gewässer des Binnenlandes*	*Offene Gewässer des Binnenlandes, Meeresbuchten*

 ISBN 3-12-030910-9

____

1. Betrachte die Abbildungen und fülle dann die Tabelle aus.

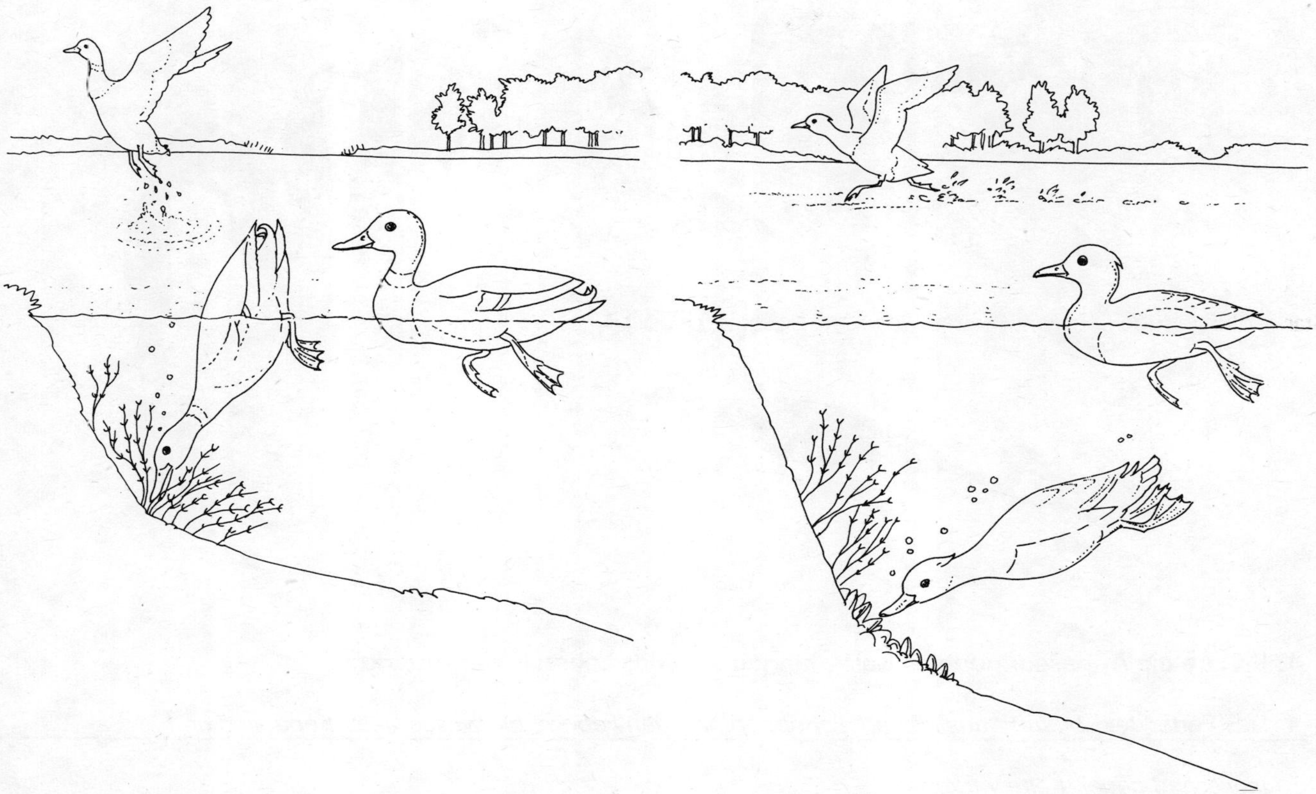

Kennzeichen	Schwimmenten	Tauchenten
Lage des Körpers im Wasser		
Art der Nahrungssuche		
Abflug vom Wasser		
Lebensraum		

ISBN 3-12-030910-9

1. Erkläre die Anpassungen des Kaiserpinguins an das Leben in der Antarktis.

1 Das Federkleid *besteht aus kurzen, schuppenförmigen Federn, die wasserabstoßend sind und isolierend gegen Kälte wirken.*

2 Die dicke Fettschicht der Haut *isoliert gegen zu starken Wärmeverlust in der Kälte der Antarktis.*

3 Die Brutkolonie *nimmt als Schutz gegen Schneestürme eine Igelstellung ein.*

4 Die Hautfalte am Bauch *wirkt als Eiwärmer beim Brutgeschäft der Männchen.*

5 Die kurzen, versteiften Schwanzfedern *dienen beim Stehen als Stütze.*

2. Erkläre die Anpassungen an das Schwimmen.

1 Die Körpergestalt *ist spindelförmig und bietet damit beim schnellen Schwimmen einen geringen Wasserwiderstand.*

2 Die Flügel *sind flossenartig ausgebildet und treiben die Pinguine beim Schwimmen an.*

3 Die Füße mit den Schwimmhäuten *dienen zusammen mit den Schwanzfedern als Steuer.*

ISBN 3-12-030910-9

1. Erkläre die Anpassungen des Kaiserpinguins an das Leben in der Antarktis.

1 Das Federkleid

2 Die dicke Fettschicht der Haut

3 Die Brutkolonie

4 Die Hautfalte am Bauch

5 Die kurzen, versteiften Schwanzfedern

2. Erkläre die Anpassungen an das Schwimmen.

1 Die Körpergestalt

2 Die Flügel

3 Die Füße mit den Schwimmhäuten

ISBN 3-12-030910-9

1. Strauße sind flugunfähig. Erkläre, wie sich dies im Körperbau der Strauße bemerkbar macht.

— *Die Beine der Strauße sind stark verlängert und besitzen eine kräftige Muskulatur. Der Fuß weist nur noch zwei Zehen und einen kräftigen, langen Lauf auf. Die entwicklungsgeschichtlich 3. Zehe ist stark ausgebildet und mit Krallen versehen, die 4. Zehe ist etwas schwächer und meist ohne Krallen. (Die Beinknochen außer dem Oberschenkelknochen sind nicht mehr lufthaltig.)*
Die Flügel sind kurz und können den Strauß nicht mehr zum Flug emportragen. An den Flügeln sitzen beim Hahn die prächtigen weißen Schmuckfedern, ebenso am Schwanz. Diese haben sich im Laufe der Evolution aus den Schwung- und Steuerfedern entwickelt und werden heute zum Anbalzen der Weibchen verwendet. Außerdem kann der Strauß seine Flügel wie einen Sonnenschirm ausbreiten, um seine Jungen vor der Sonne zu schützen.

2. Vergleiche die Beine von Pferd und Strauß miteinander.
Erkläre den Bau der Füße und Beine als eine Anpassung an die jeweiligen natürlichen Lebensräume.

— *Beim Pferd erfolgte die Reduktion der Zehen auf eine kräftig entwickelte Zehe. Beim Strauß ist die Zahl der Zehen von 4 auf 2 kräftig entwickelte herabgesetzt. Die Beine sind bei beiden Arten stark verlängert, so daß Pferd und Strauß in ihrem natürlichen, offenen Lebensraum schnell laufen können. Bei Gefahr bevorzugen beide Arten die Flucht; wenn dies nicht möglich ist, wehren sie sich mit Tritten ihrer kräftigen Beine.*

3. Ein Hühnerei wiegt 50 g. Wieviel Hühnereier entsprechen dem Gewicht eines Straußeneies?

— *30 Hühnereier entsprechen dem Gewicht eines Straußeneies.*

ISBN 3-12-030910-9

Der afrikanische Strauß erreicht bis 150 kg Gewicht und eine Größe von bis zu 3 Metern (Männchen). Trotzdem bringt er es in der Savanne auf 50 km/h Höchstgeschwindigkeit, die er eine halbe Stunde beibehalten kann. Das Straußengelege besteht aus 12 bis 15 Eiern, von denen jedes 1,5 kg wiegt.

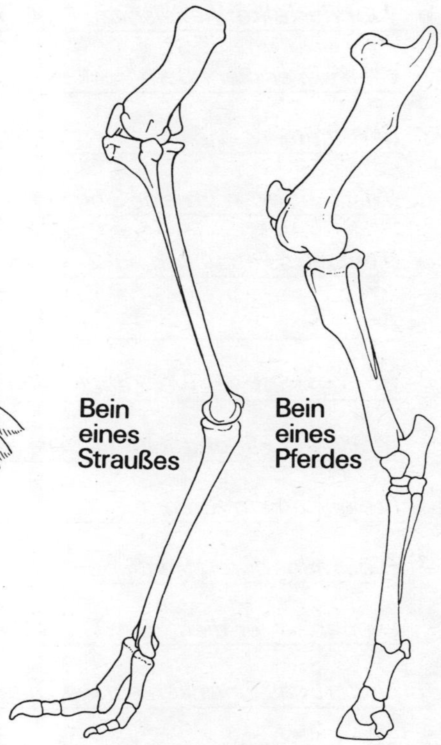

1. Strauße sind flugunfähig. Erkläre, wie sich dies im Körperbau der Strauße bemerkbar macht.

2. Vergleiche die Beine von Pferd und Strauß miteinander.
   Erkläre den Bau der Füße und Beine als eine Anpassung an die jeweiligen natürlichen Lebensräume.

3. Ein Hühnerei wiegt 50 g. Wieviel Hühnereier entsprechen dem Gewicht eines Straußeneies?

ISBN 3-12-030910-9

1. Bestimme die abgebildeten Vogelarten.

2. Beschreibe die Fußformen der Vögel. Erkläre den Bau des Fußes im Zusammenhang mit seiner Aufgabe im Lebensraum der jeweiligen Vogelart.

a ***Mauersegler:*** *alle vier Zehen nach vorne gerichtet: Klammerfuß; dient nur zum Festkrallen.*

b ***Wanderfalke:*** *nadelspitze Krallen an den Zehen: Greiffuß; er dient dem Packen und Festhalten der Beute.*

c ***Kernbeißer:*** *normaler Singvogelfuß: Sitzfuß; dient dem Festhalten auf Zweigen und dünnen Ästen.*

d ***Buntspecht:*** *je zwei Zehen nach vorn bzw. rückwärts gerichtet: Kletterfuß; geeignet als Steigeisen am Stamm.*

e ***Bläßralle:*** *durch Hautlappen verbreiterte Zehen: Lappenfuß; er dient dem Schwimmen und verhindert das Einsinken auf weichem Boden.*

f ***Uferschnepfe:*** *sehr langer Lauf: Stelzfuß; gut geeignet zum Waten auf feuchtem Boden.*

g ***Stockente:*** *Schwimmhäute zwischen den Zehen: Schwimmfuß; er ermöglicht schnelles Schwimmen auf dem Wasser.*

 ISBN 3-12-030910-9

____

1. Bestimme die abgebildeten Vogelarten.

2. Beschreibe die Fußformen der Vögel. Erkläre den Bau des Fußes im Zusammenhang mit seiner Aufgabe im Lebensraum der jeweiligen Vogelart.

a ______________________________

____

____

b ______________________________

____

____

c ______________________________

____

____

d ______________________________

____

____

e ______________________________

____

____

f ______________________________

____

____

g ______________________________

____

____

 ISBN 3-12-030910-9

1. Nenne die Besonderheiten der abgebildeten Vogelfüße.

2. Versuche aus dem Bau zu erschließen, welche Aufgabe sie erfüllen.

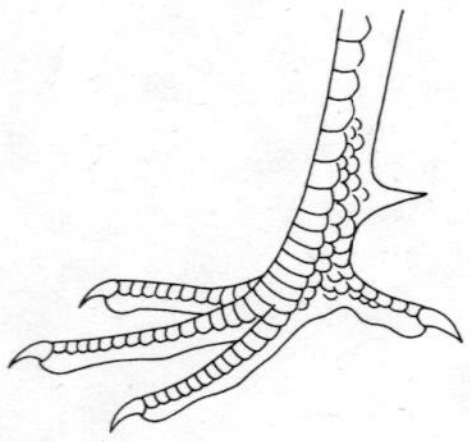

Fasan

kräftiger Fuß zum Laufen und Scharren im Boden; „Lauffuß"

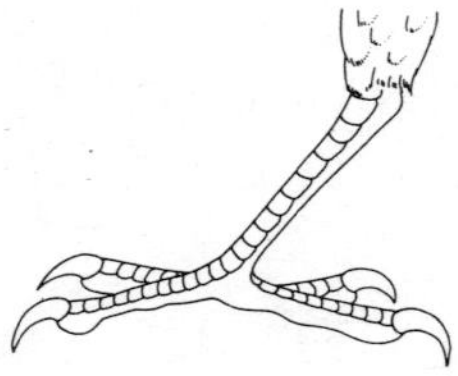

Specht

je zwei Zehen nach vorn bzw. hinten gerichtet; „Kletterfuß"

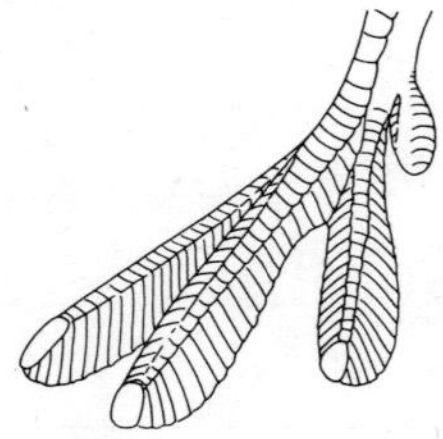

Haubentaucher

„Schwimmlappen" an den vorderen drei Zehen; zum Schwimmen und Tauchen

Eule

spitze Krallen, Wendezehe; zum Packen der Beutetiere

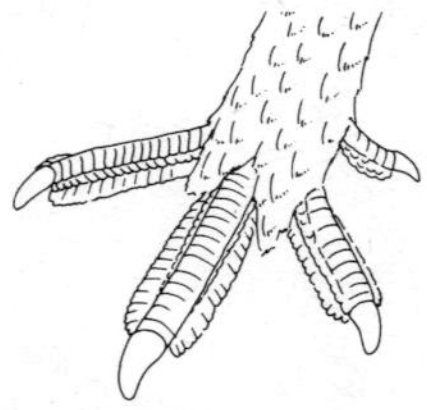

Auerhuhn

derb, dreizehig mit langer Kralle am Innenzeh; Lauffuß

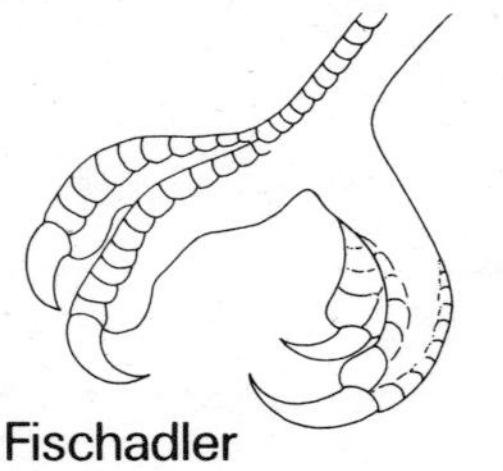

Fischadler

nadelspitze Krallen, zum Greifen und Festhalten der Beute (Fische); „Greiffuß"

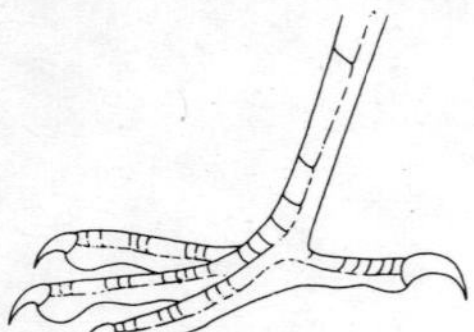

Singvogel

normaler Vogelfuß, drei Zehen nach vorn, eine Zehe nach rückwärts; „Sitzfuß"

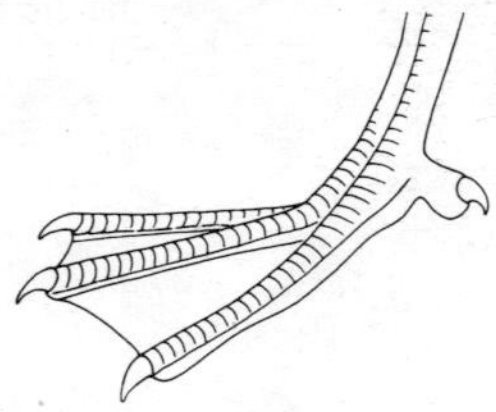

Ente / Gans

Häute zwischen den drei vorderen Zehen; „Schwimmfuß"

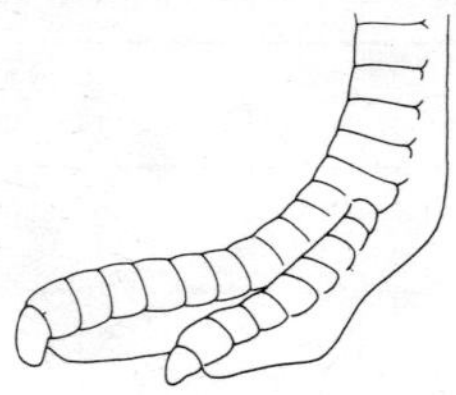

Strauß

nur zwei derbe Zehen mit stumpfen Krallen; „Lauffuß"

ISBN 3-12-030910-9

Vogelfüße im Vergleich

1. Nenne die Besonderheiten der abgebildeten Vogelfüße.

2. Versuche aus dem Bau zu erschließen, welche Aufgabe sie erfüllen.

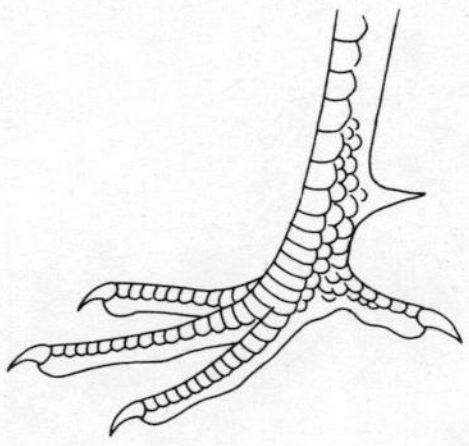

Fasan

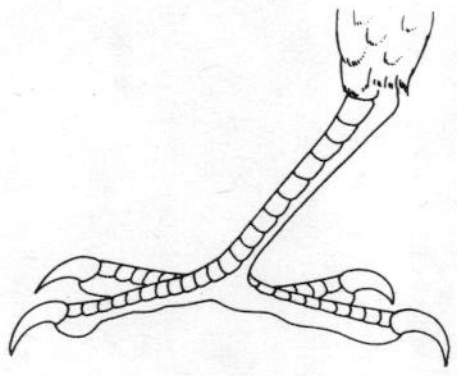

Specht

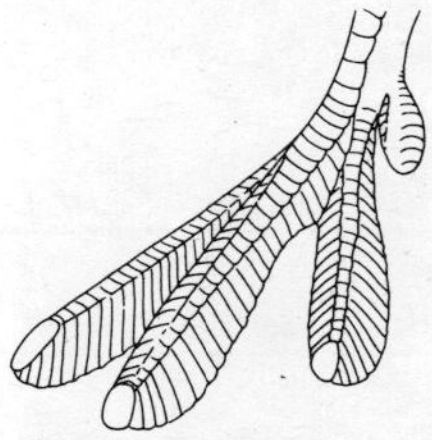

Haubentaucher

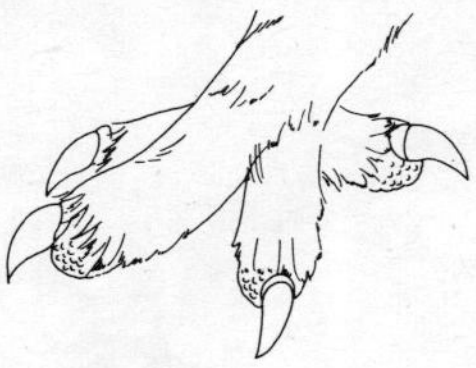

Eule

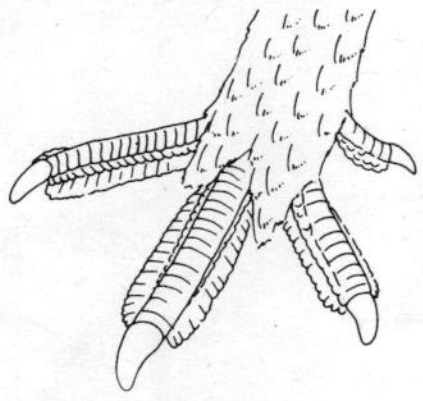

Auerhuhn

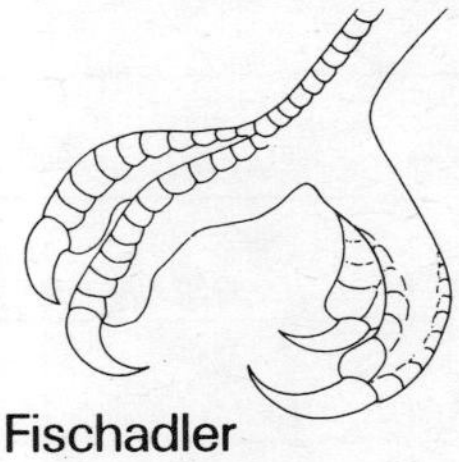

Fischadler

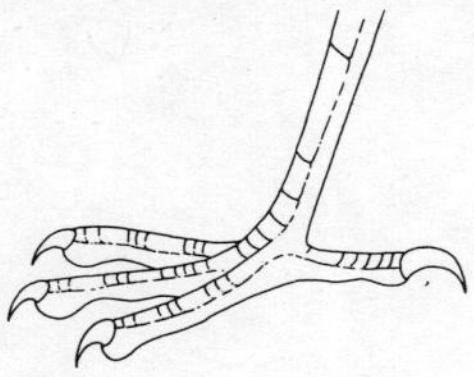

Singvogel

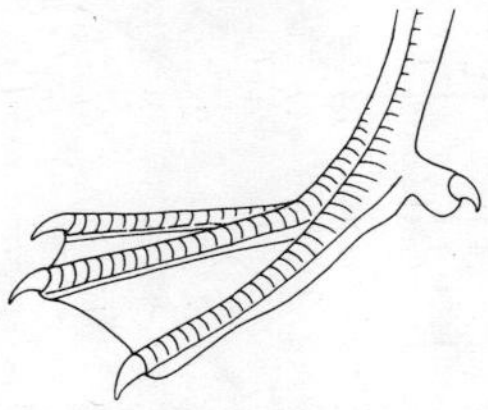

Ente / Gans

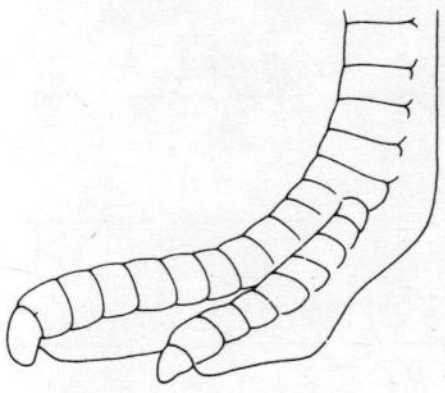

Strauß

 ISBN 3-12-030910-9

1. Bestimme die abgebildeten Vogelarten.

2. Beschreibe die Schnabelformen der Vögel. Erkläre das Aussehen des Schnabels im Zusammenhang mit der Ernährungsweise des betreffenden Vogels.

a ***Mauersegler:*** *kurzer, sehr breiter Schnabel, ermöglicht Insektenfang.*

b ***Wanderfalke:*** *Oberschnabel hakenförmig abwärts gebogen: Hakenschnabel; dient dem Zerreißen größerer Beute.*

c ***Kernbeißer:*** *Schnabel kegelförmig und dick: Körnerfresserschnabel; zum Knacken hartschaliger Samen.*

d ***Buntspecht:*** *sehr kräftiger, länglicher Schnabel: Meißelschnabel; Insekten unter der Rinde werden herausgehackt.*

e ***Bläßralle:*** *Schnabel derb, kurz und spitz: Allesfresserschnabel; unterschiedliche Nahrung wird aufgepickt.*

f ***Uferschnepfe:*** *besonders langer Schnabel: Stocherschnabel; er dient der Suche von Beute im feuchten Boden.*

g ***Stockente:*** *breiter Schnabel mit Hornleisten: Seihschnabel; gut geeignet zum Filtern von Nahrung aus dem Wasser.*

ISBN 3-12-030910-9

1. Bestimme die abgebildeten Vogelarten.

2. Beschreibe die Schnabelformen der Vögel.
Erkläre das Aussehen des Schnabels im Zusammenhang mit der Ernährungsweise des betreffenden Vogels.

a ______

b ______

c ______

d ______

e ______

f ______

g ______

ISBN 3-12-030910-9

Vogelschnäbel im Vergleich

1. Nenne die Besonderheiten der abgebildeten Vogelschnäbel.

2. Versuche aus dem Bau zu erschließen, welche Aufgabe sie erfüllen.

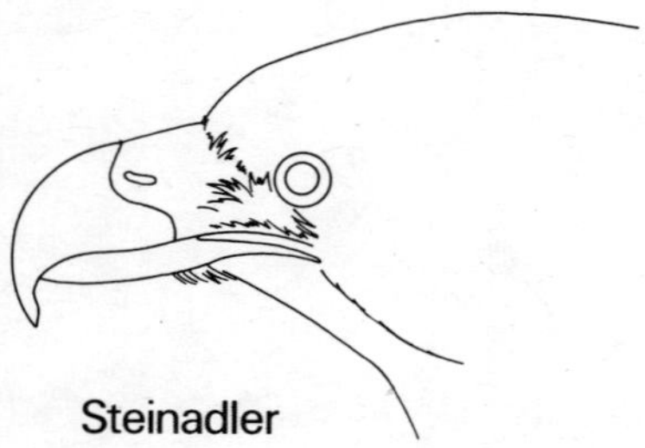

Steinadler

Oberschnabel hakenförmig gekrümmt; zum Kröpfen der Beute

Löffler

lang, löffelförmig; zum „Schlabbern" von Wassertieren und Algen

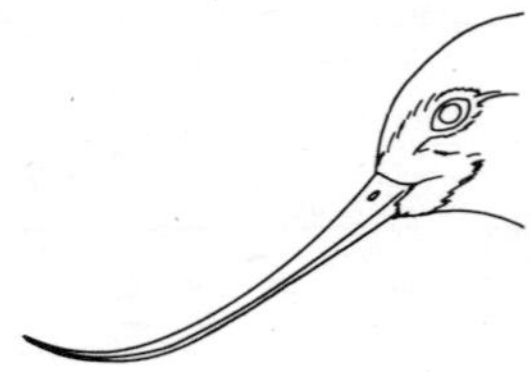

Säbelschnäbler

lang und am Ende aufwärts gekrümmt, zum Seihen von Wassertieren

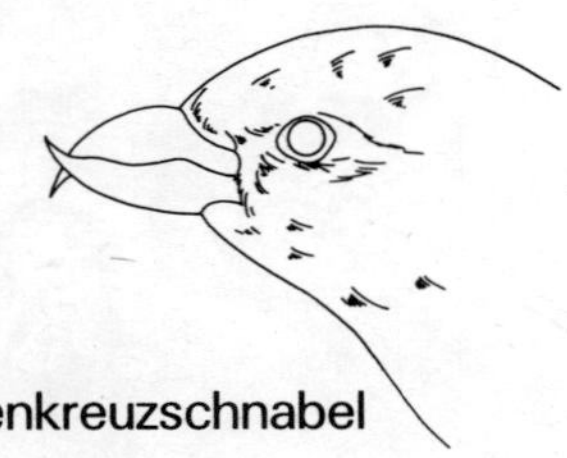

Fichtenkreuzschnabel

gekreuzte Schnabelspitzen, zum Greifen von Samen in Zapfen

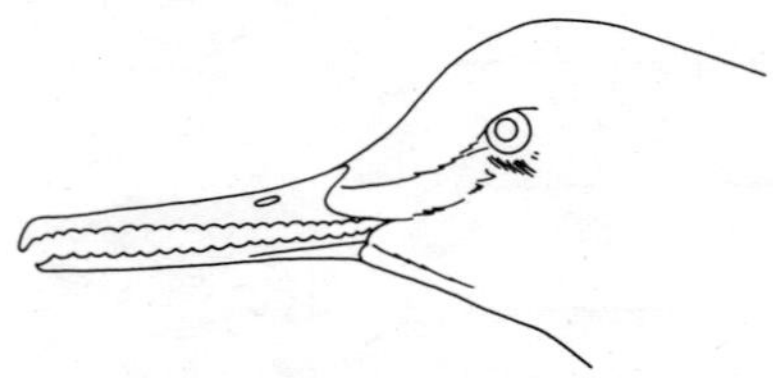

Gänsesäger

sägeartig gezähnelt; zum Fangen und Festhalten von Fischen

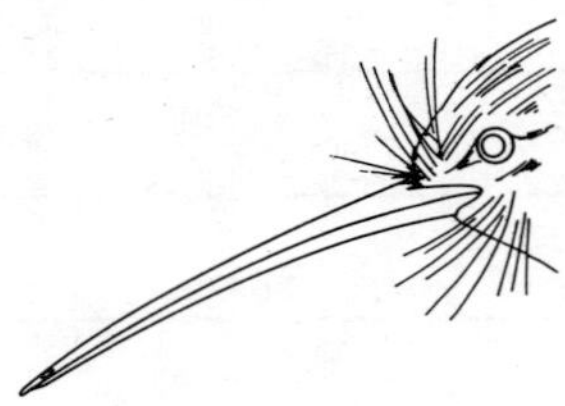

Kiwi

lang und spitz; zum Stochern in Laub und Boden nach Kerbtieren

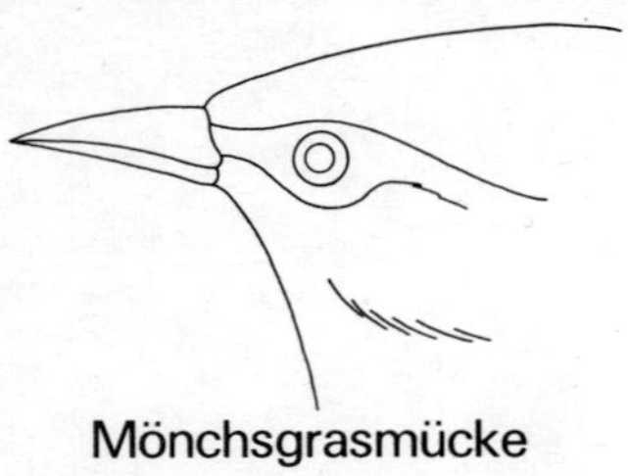

Mönchsgrasmücke

mittellang und spitz, typischer Schnabel zum Fangen von Insekten

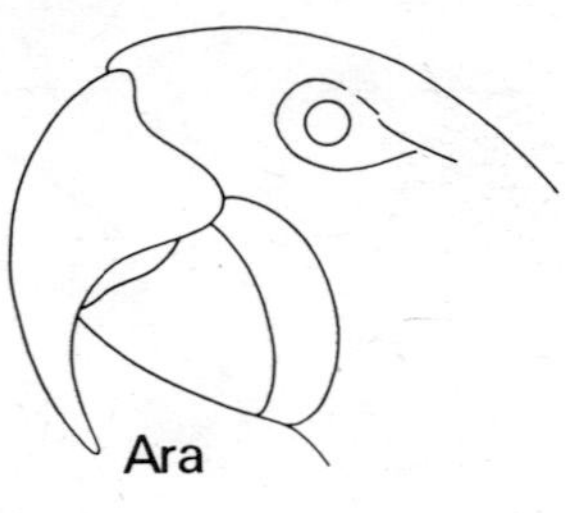

Ara

sehr dick, wie ein Nußknacker; „dritter" Fuß beim Klettern

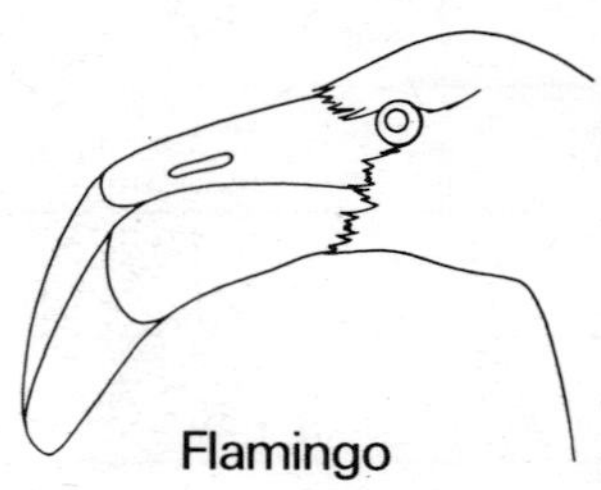

Flamingo

dick, abwärts gekrümmt; wird beim Filtern gedreht

 ISBN 3-12-030910-9

Vogelschnäbel im Vergleich

1. Nenne die Besonderheiten der abgebildeten Vogelschnäbel.
2. Versuche aus dem Bau zu erschließen, welche Aufgabe sie erfüllen.

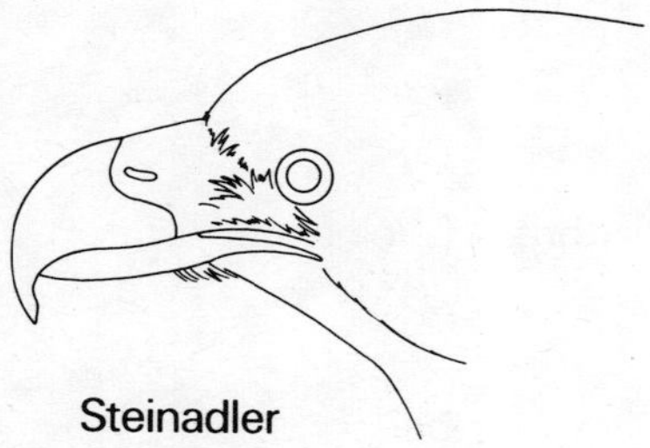

Steinadler

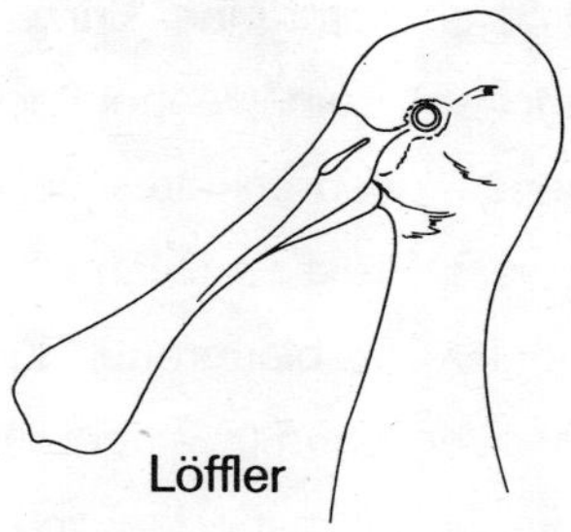

Löffler

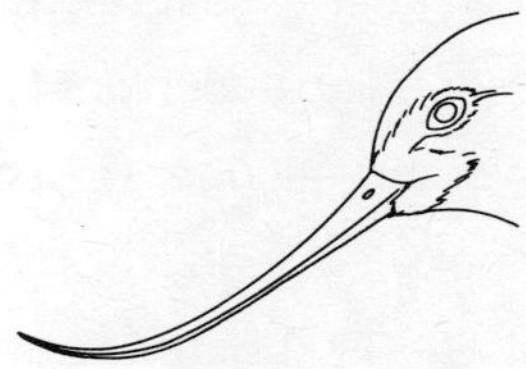

Säbelschnäbler

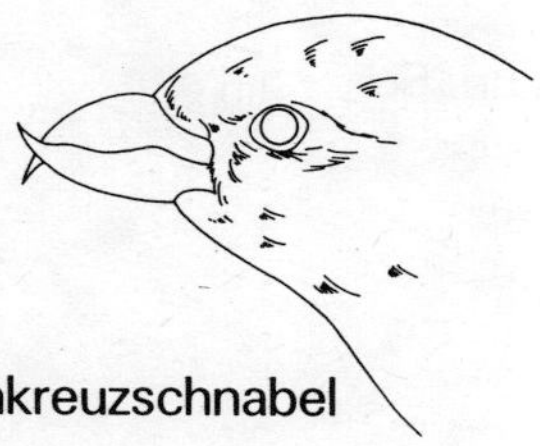

Fichtenkreuzschnabel

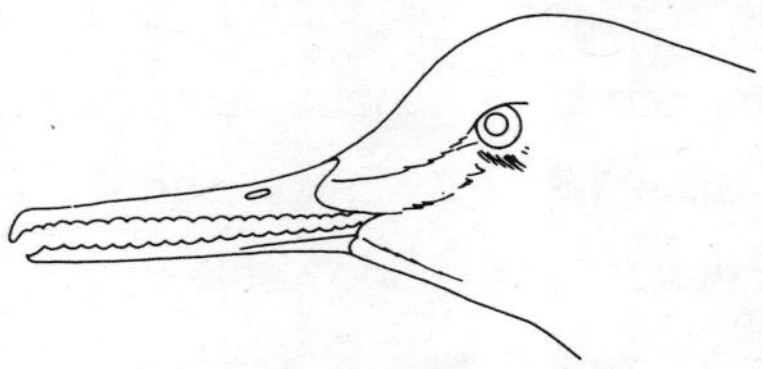

Gänsesäger

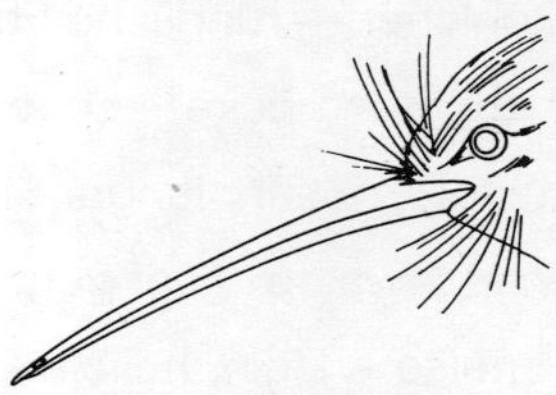

Kiwi

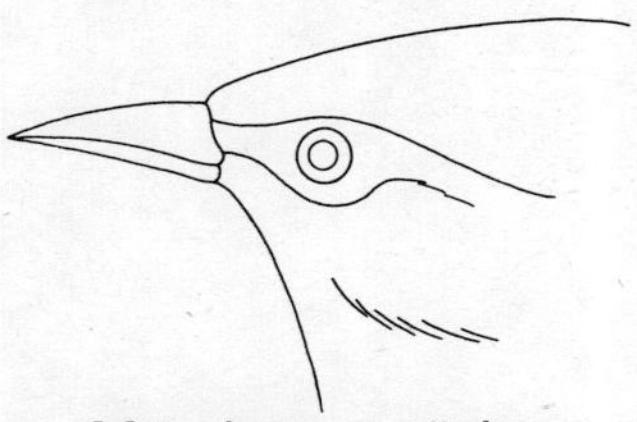

Mönchsgrasmücke

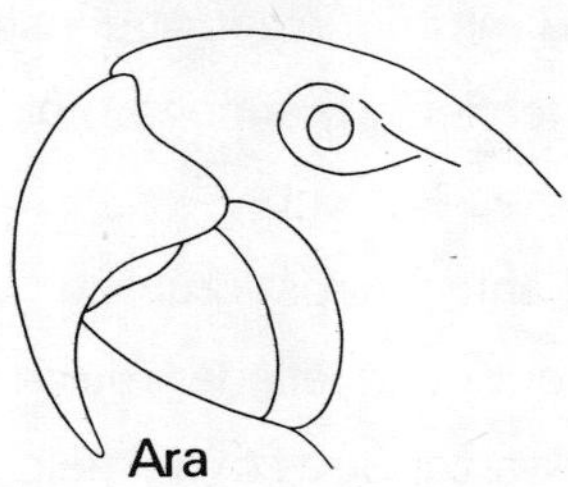

Ara

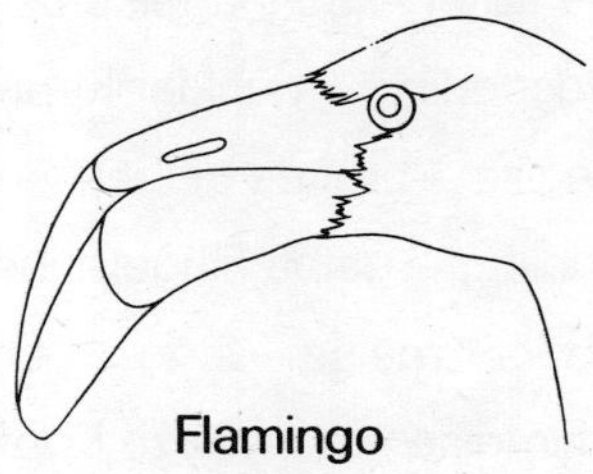

Flamingo

 ISBN 3-12-030910-9

Die bei den Lösungen angegebenen Merkmale beziehen sich zum Teil auf die nebenstehenden Abbildungen, zum Teil sind sie ergänzt um weitere typische Kennzeichen, die den Vogel charakterisieren.

(1) Mehlschwalbe – leicht gegabelter Schwanz, Kehle und Bürzel weiß

(2) Goldammer – gesprenkelt braun-goldfarben, rotbrauner Bürzel

(3) Haussperling – dunkler Kehlfleck(Männchen), kein Wangenfleck

(4) Feldlerche – langer Fußsporn, erdfarbenes, gesprenkeltes Gefieder

(5) Gimpel – schwarze Kopfplatte, Bürzel weiß, Brust rot (Männchen) oder braun (Weibchen)

(6) Kleiber – läuft Bäume abwärts, kurzer Schwanz, blaugrauer Rücken

(7) Amsel – einfarbig schwarz (Männchen) oder braun (Weibchen)

(8) Star – glänzendes schwarz-buntes Gefieder, Schnabel länglich

(9) Elster – langer Schwanz, Gefieder metallisch schwarz und weiß

(10) Haubenmeise – Kopf mit Federhaube, bräunliches Gefieder

(11) Sumpfmeise – klein, dunkle Kopfplatte, bräunliches Gefieder

(12) Zaunkönig – sehr klein, Schwänzchen häufig aufrecht gestellt

(13) Gartenrotschwanz – Kehle rötlich-braun, roter Schwanz

(14) Rotkehlchen – rundliche Form, Brust leuchtend rot, sonst bräunlich

(15) Mönchsgrasmücke – schwarze Kopfplatte (Männchen), beim Weibchen braun, Schnabel spitz

(16) Bachstelze – sehr langer Schwanz, Gefieder weiß-schwarz-grau

(17) Rauchschwalbe – tief gegabelter Schwanz, rotbraune Kehle

(18) Blaumeise – klein, hellblaue Kopfplatte, Bauch gelb, Flügel bläulich

(19) Buchfink – weiße Flügelbinde, weiße Schwanzkanten, auffällig bunt

(20) Kernbeißer – kurzer, sehr dicker Schnabel, Grundfarbe braun

(21) Singdrossel – amselgroß, braun, Bauchseite tropfenförmig gefleckt

(22) Dohle – schwarz mit grauem Kopf, größer als Amsel

(23) Eichelhäher – groß, schwarze Wangen, blau-weißer Flügelspiegel

(24) Pirol – amselgroß, Kopf und Brust leuchtend gelb (Männchen) oder grünlich (Weibchen)

(25) Neuntöter – Schnabelspitze hakig gekrümmt, dunkler Augenstreif

(26) Feldsperling – dunkler Kehl- und Wangenfleck, braune Kopfplatte

(27) Stieglitz – breites gelbes Flügelband, rotes Gesicht

(28) Grünling – gelbe Flügel- und Schwanzkanten, sonst grünlich

(29) Schwanzmeise – langer Schwanz, heller Kopf, Gefieder rötlich-weiß

(30) Kohlmeise – schwarze Kopfplatte, schwarzer Streifen auf gelbem Bauch

(31) Hausrotschwanz – Körper schwarz (Männchen) oder schiefergrau (Weibchen), Schwanz rot

(32) Zilpzalp – klein, schlank, grünlich-braunes Gefieder

(33) Nachtigall – spitzer, mittellanger Schnabel, helle Kehle, bräunlich

(34) Rabenkrähe – sehr groß, einheitlich schwarz, kräftiger Schnabel

ISBN 3-12-030910-9

____

1. Suche in deinem Schulbuch und in Bestimmungsbüchern nach den abgebildeten Vogelarten und versuche, die Namen der Vögel herauszubekommen.

2. Lege eine Liste an: Trage hinter der jeweiligen Abbildungsnummer den Vogelnamen ein und gib ein Merkmal an, woran du den Vogel erkannt hast.

ISBN 3-12-030910-9

1. Trage ein, zu welcher Ordnung die abgebildeten Vogelarten gehören.
   Nimm ein Bestimmungsbuch zu Hilfe.

ISBN 3-12-030910-9

1. Trage ein, zu welcher Ordnung die abgebildeten Vogelarten gehören.
   Nimm ein Bestimmungsbuch zu Hilfe.

ISBN 3-12-030910-9

Archaeopteryx, der Juravogel

Im Jahre 1861 wurde in den Solnhofener Plattenkalken aus der Jurazeit zum ersten Mal der Abdruck eines Urvogels gefunden. Diese Versteinerung erregte bei Gelehrten in der ganzen Welt Aufsehen, denn der Juravogel besaß schon wichtige Merkmale der heute lebenden Vögel; er wies aber zugleich noch Kennzeichen der Kriechtiere auf, die man bei den heute lebenden Vögeln nicht mehr findet.

1. Welche Vogelmerkmale lassen sich beim Urvogel erkennen?

2. Betrachte die Abbildungen und fülle die Tabelle aus.

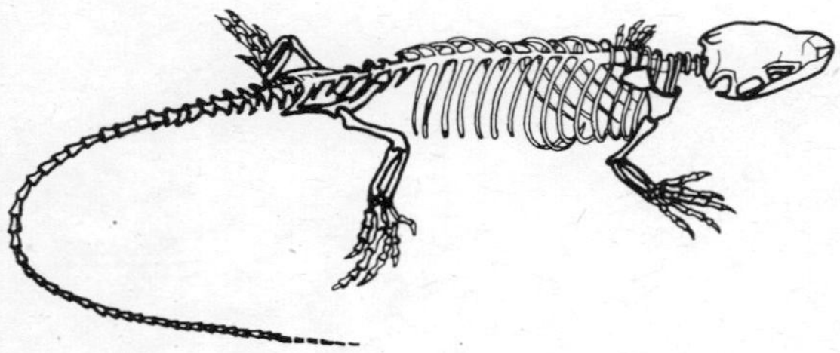

	Kriechtiere (Eidechse)	**Juravogel**	**Vögel (Taube)**
Kiefer	*bezahnt*	*bezahnt; schnabelförmig*	*zahnlos mit Hornschnabel*
Schwanz	*lang; aus vielen Wirbeln*	*lang; aus vielen Wirbeln*	*kurz; Wirbel zum größten Teil zum Schwanzknochen verwachsen*
Handskelett	*5 Finger mit Krallen*	*3 Finger mit Krallen*	*3 Finger ohne Krallen Mittelhand verwachsen*
Beinskelett	*Mittelfußknochen getrennt 5 Zehen*	*Vogelbein: Mittelfuß aufgerichtet, Mittelfußknochen nicht verwachsen; 4 Zehen*	*Vogelbein: Laufknochen aus Mittelfußknochen verwachsen; 4 Zehen*
Hautbedeckung	*Schuppen*	*Federn und Schuppen*	*Federn Schuppen an den Füßen*
Brustbein	*ohne Kamm*	*niedriger Kamm*	*hoher Kamm*

 ISBN 3-12-030910-9

Archaeopteryx, der Juravogel

Im Jahre 1861 wurde in den Solnhofener Plattenkalken aus der Jurazeit zum ersten Mal der Abdruck eines Urvogels gefunden. Diese Versteinerung erregte bei Gelehrten in der ganzen Welt Aufsehen, denn der Juravogel besaß schon wichtige Merkmale der heute lebenden Vögel; er wies aber zugleich noch Kennzeichen der Kriechtiere auf, die man bei den heute lebenden Vögeln nicht mehr findet.

1. Welche Vogelmerkmale lassen sich beim Urvogel erkennen?

2. Betrachte die Abbildungen und fülle die Tabelle aus.

	Kriechtiere (Eidechse)	Juravogel	Vögel (Taube)
Kiefer			
Schwanz			
Handskelett			
Beinskelett			
Haut-bedeckung			
Brustbein			

ISBN 3-12-030910-9

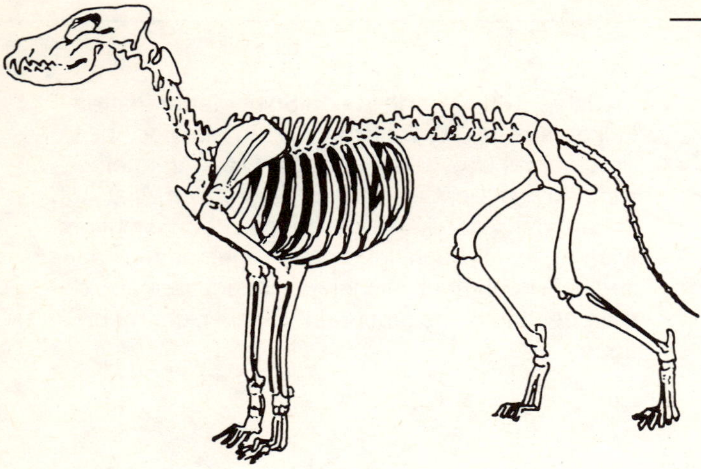

Säugetiere (Hund)

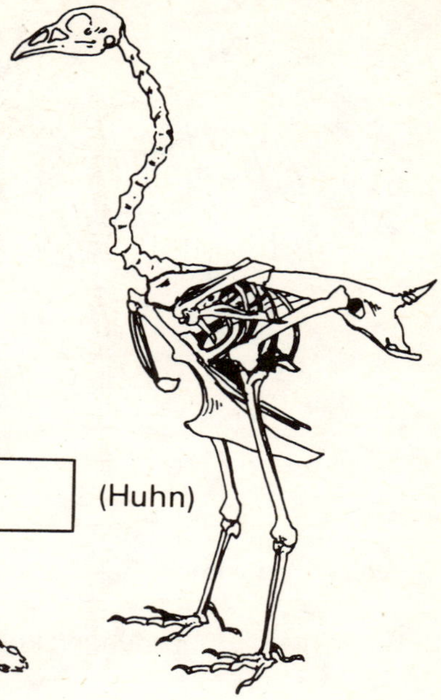

Vögel (Huhn)

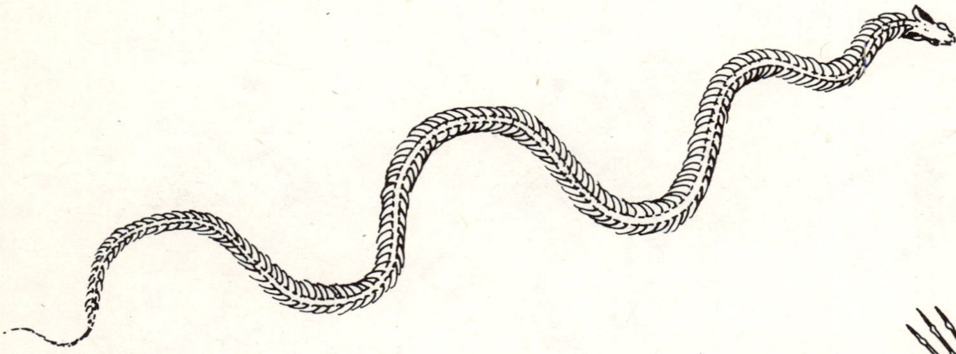

Kriechtiere (Kreuzotter)

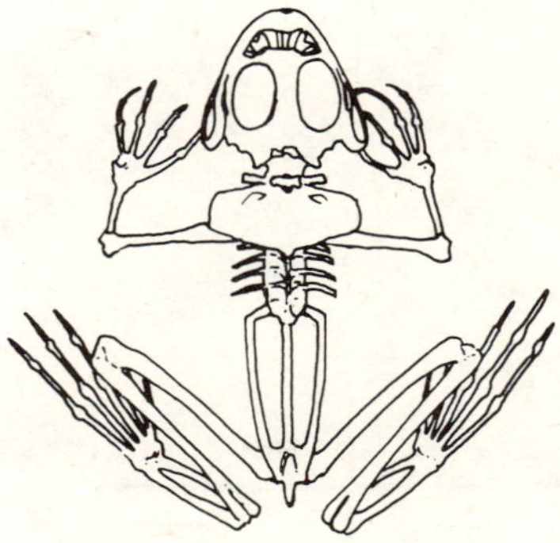

Lurche (Frosch)

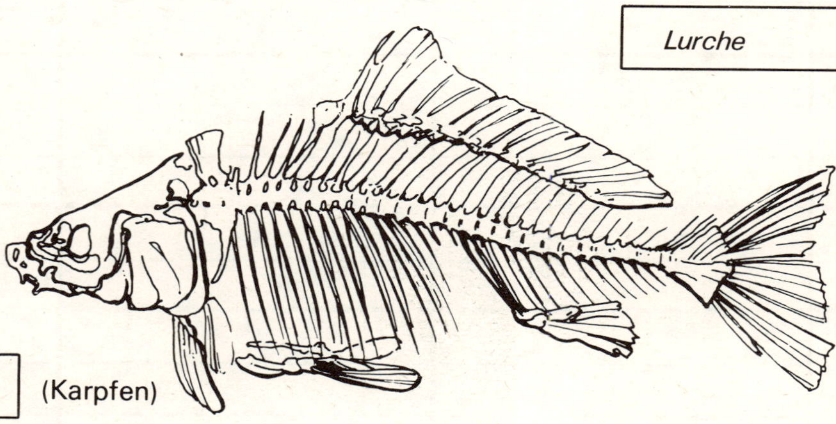

Fische (Karpfen)

1. Betrachte die obenstehenden Skizzen. Was haben alle Tierskelette gemeinsam?

   Die Wirbelsäule mit dem Schädel

2. Trage in die Kästchen den Namen der jeweiligen Tierklasse ein.

3. Zeichne die Wirbelsäulen rot ein.

ISBN 3-12-030910-9

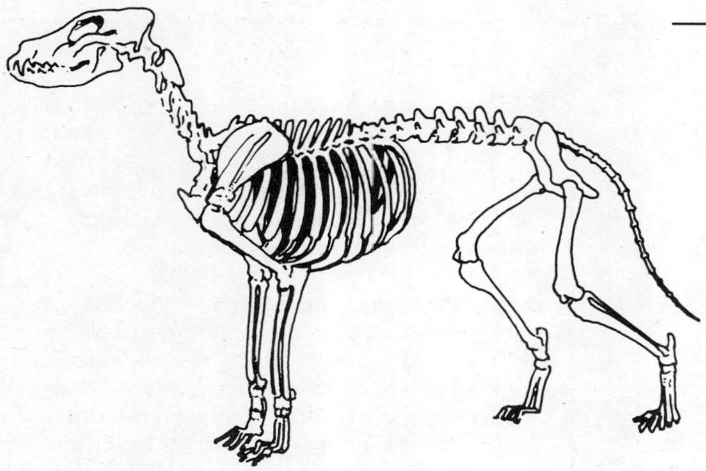

(Hund)

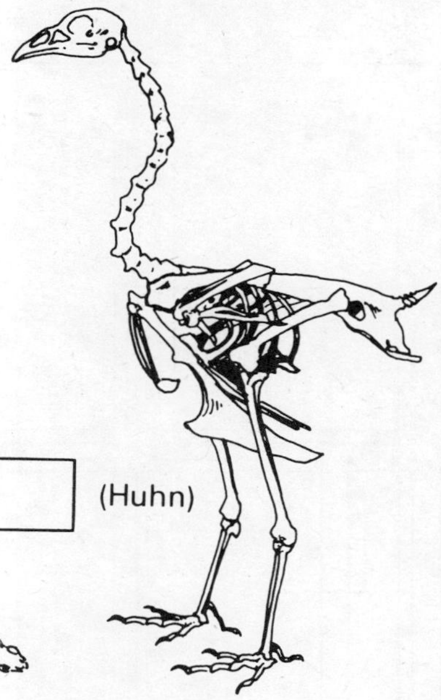

(Huhn)

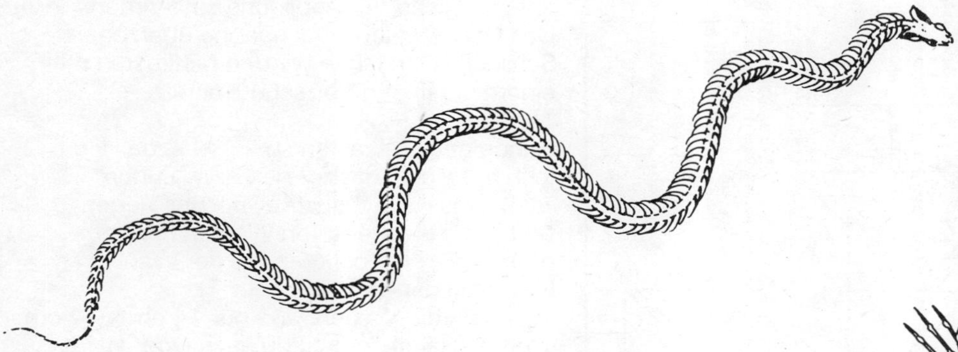

(Kreuzotter)

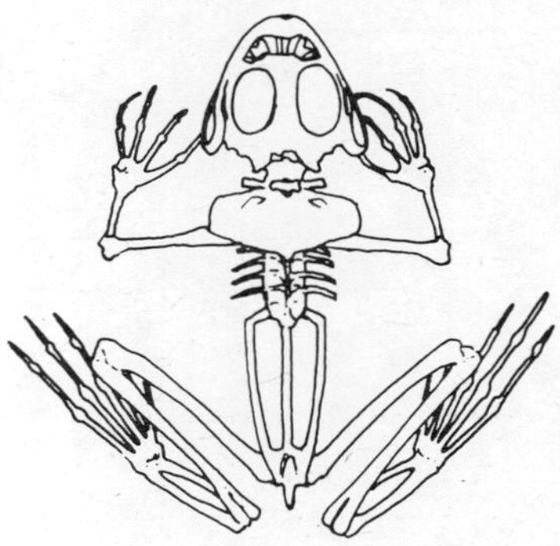

(Frosch)

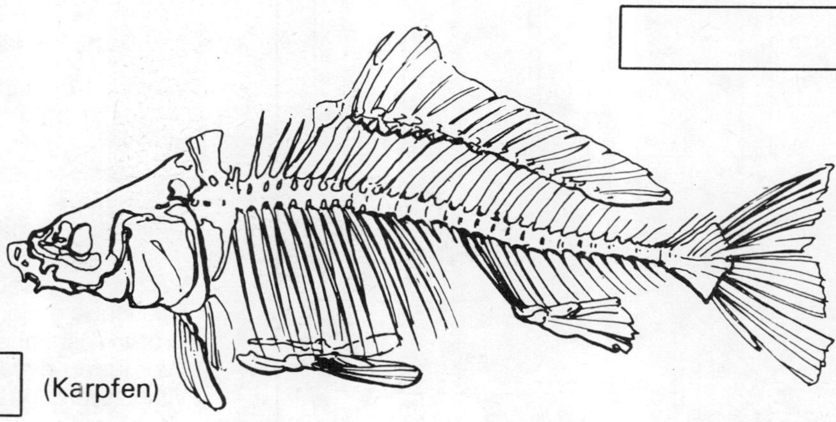

(Karpfen)

1. Betrachte die obenstehenden Skizzen. Was haben alle Tierskelette gemeinsam?

2. Trage in die Kästchen den Namen der jeweiligen Tierklasse ein.

3. Zeichne die Wirbelsäulen rot ein.

 ISBN 3-12-030910-9

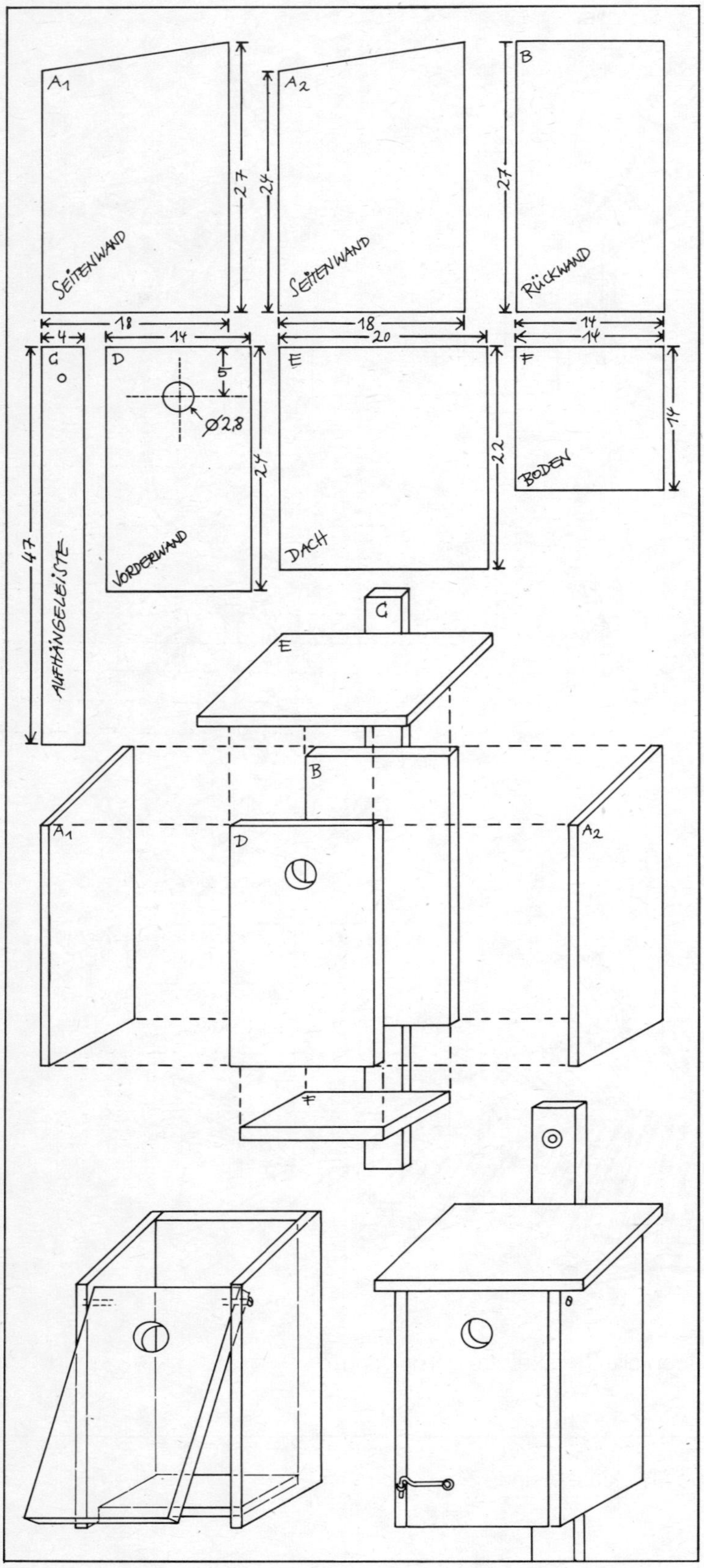

Material: Kiefern- oder Fichtenbretter (Stärke: 2 cm), ein Stück Dachpappe, ungiftiges Holzschutzmittel, verzinkte Nägel, Ringschraube und Riegel, Draht zum Aufhängen.

Zeichne zunächst auf 2 cm dicke Fichten- oder Kieferbrettchen die benötigten Teile in der richtigen Größe auf. Säge alle Teile (A_1 bis F) aus. In die Vorderwand wird das Flugloch gebohrt. Für Blaumeisen genügt ein Durchmesser von 2,8 cm; für Kohlmeisen muß es 3,2 cm besitzen. In das Bodenbrett werden zwei kleine Löcher gebohrt, damit evtl. eindringendes Wasser wieder ablaufen kann. Baue den Nistkasten nun entsprechend der Abbildung zusammen. Das Dach wird mit Dachpappe überzogen. Schließlich streichen wir den Nistkasten mit einem ungiftigen Holzschutzmittel, z. B. Leinöl.

Hänge den Nistkasten so auf, daß das Flugloch möglichst nach Osten bzw. Süden zeigt. Das ist wichtig, weil bei uns Regen und Wind meistens von Westen her kommen. Die Vögel nehmen bei der Wahl ihrer Nisthöhle darauf Rücksicht.

Wenn du die Vorderwand nur 14 cm x 14 cm groß aussägst, kannst du auch eine „Halbhöhle" bauen. Sie wird z. B. von Rotschwänzchen angenommen. Am besten hängst du die Halbhöhle unter einem Dachüberstand am Haus auf.

Was kannst du am Nistkasten beobachten?

- Welche Vogelarten zeigen „Interesse" an der Nisthöhle?
- Welche Vogelart zieht ein?
- Wie verhalten sich Männchen und Weibchen?
- Welches Nistmaterial wird eingetragen?
- Wie lange bauen die Vögel am Nest?
- Wie lange dauert das Brutgeschäft?
- Brüten Männchen und Weibchen?
- Wer füttert die Jungen und wie oft?
- Wann werden die Jungen flügge?
- Werden die Jungen noch nach Verlassen des Nestes von den Eltern gefüttert? Womit?
- Brüten die Vögel mehrmals im Jahr?
- Ist der Vogel ein Zug- oder ein Jahresvogel?

Notiere deine Beobachtungen und berichte!

ISBN 3-12-030910-9

1. Richtet in der Nähe der Schule oder zu Hause Futterstellen für die Winterfütterung ein.

Dabei sind einige Regeln zu beachten, z. B.:

- Nur artgemäßes Futter anbieten. (Die nebenstehende Tabelle gibt Auskunft über die Futteransprüche einiger Wintergäste.)
- Bei Frost und Schnee regelmäßig füttern.
- Kein Wasser und kein salzhaltiges Futter geben.
- Futterstellen katzensicher einrichten.
- Futterhäuschen regelmäßig reinigen.

	Handelsübliches Körnergemisch	getrocknete Beeren, Rosinen	zerschnittene Äpfel	Talg, Fett, Flomen	Meisenringe, Meisenknödel	Mehlwürmer, Insektenfutter	gefettete Haferflocken
Buchfink	X						X
Grünfink	X						X
Bergfink	X						X
Gimpel	X						
Zeisig	X						X
Kohlmeise	X			X	X	X	X
Blaumeise	X			X	X	X	X
Haubenmeise	X			X	X	X	X
Sumpfmeise	X				X	X	
Amsel	X	X	X	X		X	X
Singdrossel	X	X	X	X		X	X
Wacholderdrossel	X	X	X	X		X	X
Rotkehlchen	X					X	X
Heckenbraunelle	X					X	X
Buntspecht	X			X	X		

Rezept für Winterfutter:

Besorge dir in einer Tierhandlung Vogelfutter (Körnermischfutter). Außerdem benötigst du Rindertalg oder Schweinefett (ungesalzen). Gib Körner und Fett im Verhältnis 2:3 in einen Topf. Nimm z. B. 2 kg Körner und 3 kg Fett. Bringe das Fett zum Schmelzen und rühre kurz um. Anschließend kannst du mit dieser Fettmischung einige der abgebildeten Futtermöglichkeiten selbst basteln. Bringe das Futter dann an unterschiedlichen Stellen aus. Beobachte die Vögel beim Fressen und bestimme sie.

Basteltips für Futterplätze:

1) Übergieße Fichtenzweige auf einer glatten Unterlage mit dem flüssigen Futtergemisch. Laß das Fett erkalten. Hänge die „Futterzweige" in Büsche oder Bäume.
2) Bohre in Walnußschalen ein kleines Loch und ziehe eine dünne Schnur hindurch. Streiche das halbflüssige Futter in die Nußschalen und hänge die „Futternüsse" auf.
3) Gieße das Futter in eine halbe Kokosnuß-Schale oder in einen Blumentopf. In der Mitte mußt du vorher einen Holzstab anbringen. Diese „Futterglocke" eignet sich für den Balkon.
4) An einem kurzen, 4 bis 5 cm dicken Aststück werden Bohrungen von etwa 2 cm Durchmesser angebracht. In die Löcher wird Futter gestrichen. Das „Futterholz" wird an Ästen fest angebunden.
5) Für den „Flomenast" benötigst du aus der Metzgerei Rinderflomen. Es wird mit einer Schnur möglichst fest an einen Ast gebunden.
6) Für den „Futterautomaten" benötigt man: eine Flasche, biegsamen Draht, den Deckel eines Marmeladenglases und Gummiringe. Baue diesen Automaten entsprechend der Abbildung zusammen. Zum Füllen werden nur Körner, kein Fett, benutzt.

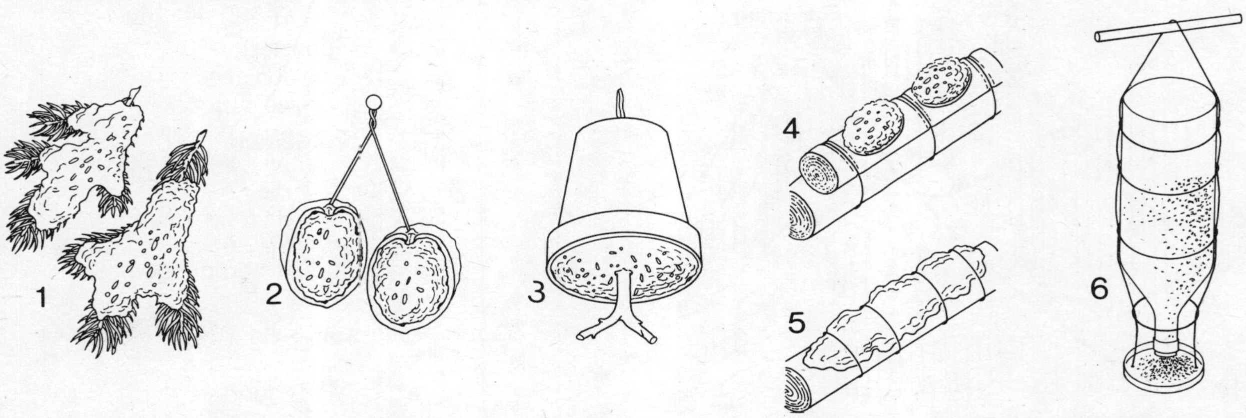

ISBN 3-12-030910-9

In der Umgebung von Reutlingen wurden nestjunge Stare beringt. Die folgende Tabelle gibt für einige Stare an, an welchen Orten sie im Winter aufgefunden wurden.

Ring-Nummer	Fundort	geogr. Breite/Länge	Entfernung von Reutlingen
116024	Rabat/Marokko	34° N/6° West	2800 km
52903	Fès/Marokko	35° N/5° West	2250 km
171572	Jerez de la Frontera/Spanien	37° N/6° West	2050 km
85191	Vaihingen/Württemberg	49° N/9° Ost	40 km
112382	Esslingen/Neckar	49° N/9° Ost	30 km
112392	Pfullingen bei Reutlingen	48° N/9° Ost	3 km
171739	Luxeuil-les-Bains/Frankreich	48° N/6° Ost	270 km
85194	Castellane/Frankreich	43° N/6° Ost	650 km
171703	Sevilla/Spanien	37° N/6° West	2000 km
171542	Lérida/Spanien	41° N/1° West	1180 km

1. a) Gib in der letzten Spalte der obenstehenden Tabelle die Entfernung in der Luftlinie vom Brutort an. Trage in die Karte die Fundplätze der Reutlinger Stare ein.

   b) Umreiße das Überwinterungsgebiet der Reutlinger Stare mit einer dicken schwarzen Linie.

Beringungsergebnisse aus anderen Brutgebieten der Stare.

2. a) Male das Brutgebiet der schlesischen Stare leicht orange aus, ihr Überwinterungsgebiet etwas stärker orange; verfahre ebenso mit Grün für die Ostseestare, mit Braun für die Stare aus England und NW-Frankreich.

   b) Überlege: Wo ist der Star Zugvogel, wo Teilzieher, wo Standvogel, wo ausschließlich Wintergast? Schreibe die vier Bezeichnungen mit weitgestellten Buchstaben in die entsprechenden Gebiete ein, am besten mit rotem Filzstift. Kennzeichne die Westgrenze dieser Gebiete.

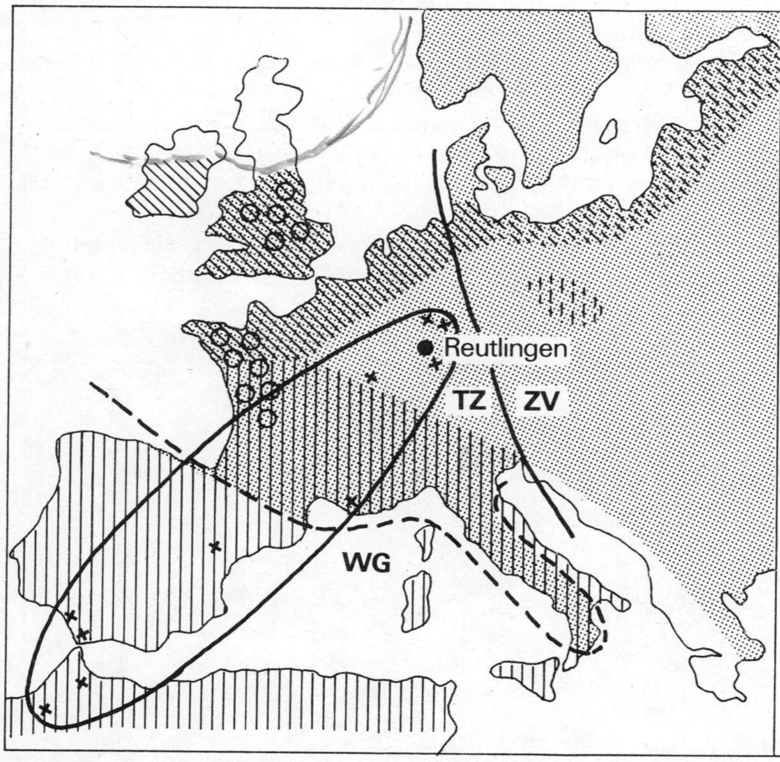

Verbreitung des Stars (Sommer)

ausgewählte Brutgebiete

zugehörige Überwinterungsgebiete

○ Standvögel

× Wiederfunde

 ISBN 3-12-030910-9

____

In der Umgebung von Reutlingen wurden nestjunge Stare beringt. Die folgende Tabelle gibt für einige Stare an, an welchen Orten sie im Winter aufgefunden wurden.

Ring-Nummer	Fundort	geogr. Breite/Länge	Entfernung von Reutlingen
116024	Rabat/Marokko	34° N/6° West	________
52903	Fès/Marokko	35° N/5° West	________
171572	Jerez de la Frontera/Spanien	37° N/6° West	________
85191	Vaihingen/Württemberg	49° N/9° Ost	40 km
112382	Esslingen/Neckar	49° N/9° Ost	30 km
112392	Pfullingen bei Reutlingen	48° N/9° Ost	3 km
171739	Luxeuil-les-Bains/Frankreich	48° N/6° Ost	________
85194	Castellane/Frankreich	43° N/6° Ost	________
171703	Sevilla/Spanien	37° N/6° West	________
171542	Lérida/Spanien	41° N/1° West	________

1. a) Gib in der letzten Spalte der obenstehenden Tabelle die Entfernung in der Luftlinie vom Brutort an. Trage in die Karte die Fundplätze der Reutlinger Stare ein.

   b) Umreiße das Überwinterungsgebiet der Reutlinger Stare mit einer dicken schwarzen Linie.

Beringungsergebnisse aus anderen Brutgebieten der Stare.

2. a) Male das Brutgebiet der schlesischen Stare leicht orange aus, ihr Überwinterungsgebiet etwas stärker orange; verfahre ebenso mit Grün für die Ostseestare, mit Braun für die Stare aus England und NW-Frankreich.

   b) Überlege: Wo ist der Star Zugvogel, wo Teilzieher, wo Standvogel, wo ausschließlich Wintergast? Schreibe die vier Bezeichnungen mit weitgestellten Buchstaben in die entsprechenden Gebiete ein, am besten mit rotem Filzstift. Kennzeichne die Westgrenze dieser Gebiete.

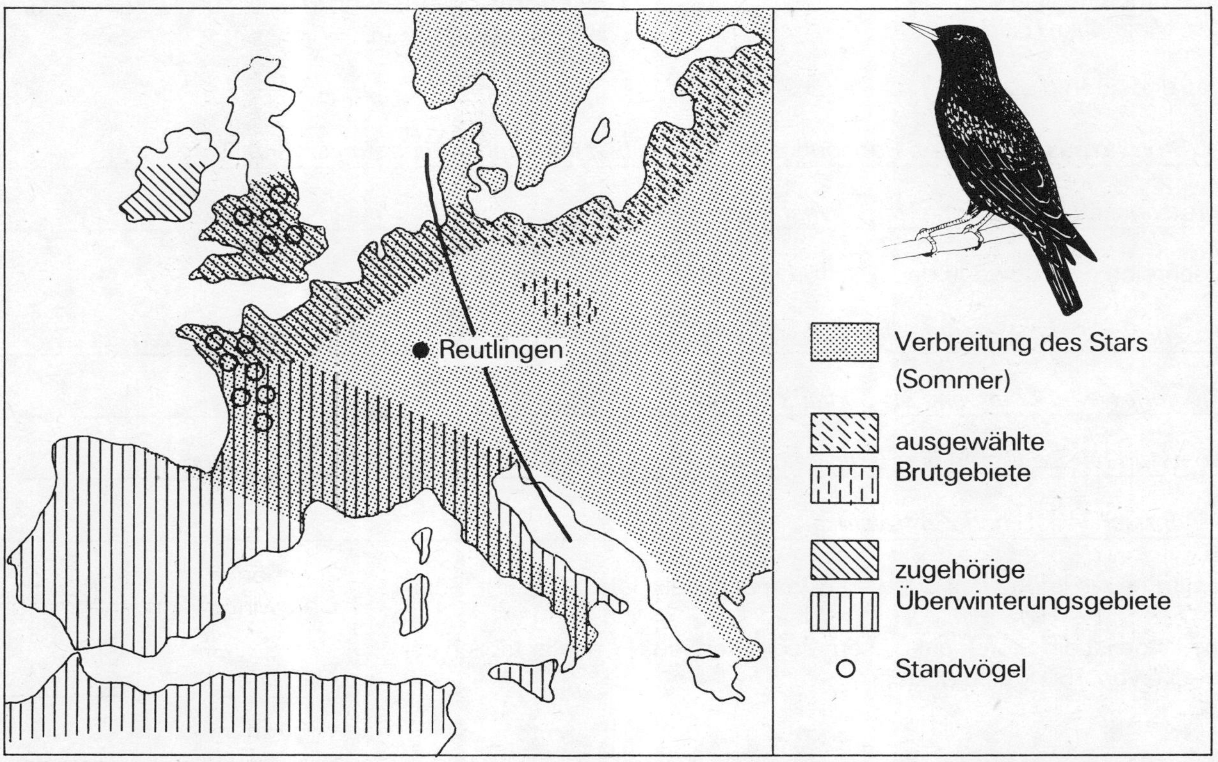

ISBN 3-12-030910-9

Der Weißstorch verläßt im Winter seine Brutplätze in Mitteleuropa. Durch Beringung von Störchen und Rückmeldung von Ringfunden erhält man Aufschluß über die Zugwege und Überwinterungsgebiete.

Storchenring aus Aluminium

1. Was bedeutet die Beschriftung auf dem Ring?
   Ring dringend zurücksenden an die Vogelwarte Helgoland/Deutschland. Dort kann man mit Hilfe der Ringnummer feststellen, wann und wo der Storch beringt worden ist.
2. Äußere Vermutungen, auf welchem Weg die Störche aus Gebiet B nach Südafrika kommen.
3. Trage die folgenden Wiederfundorte aus dem Beringungsgebiet A in die nebenstehende Karte ein (als ●). Benutze zum Suchen den Atlas!

   1 Toulouse (Frankreich)
   2 Sevilla (Spanien)
   3 Barcelona (Spanien)
   4 Casablanca (Marokko)
   5 Marrakesch (Marokko)
   6 Valencia (Spanien)
   7 Bamako (Mali)
   8 Ibadan (Nigeria)
   9 Accra (Ghana)
   10 Yaounde (Kamerun)
   11 Timbuktu (Mali)
   12 Mbandaka (Zaire)

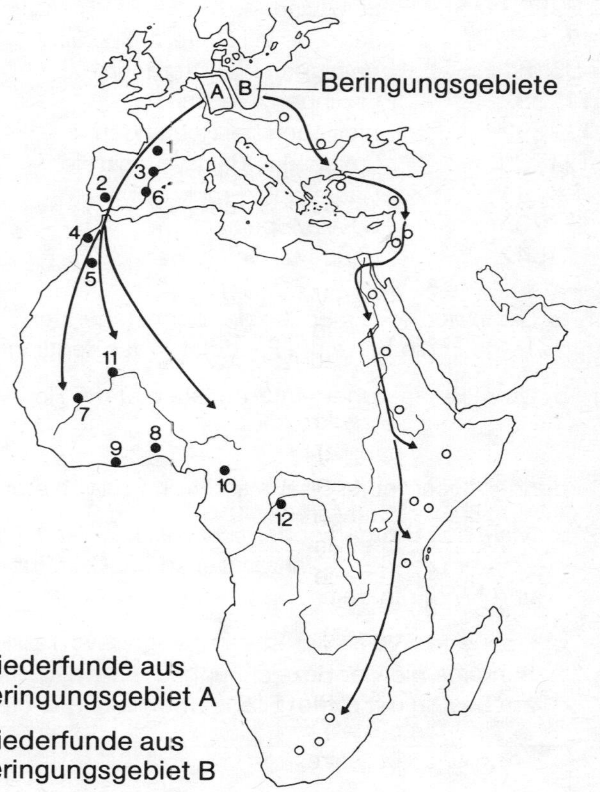

4. Was bedeuten diese Ringfunde?

   Die Störche aus den beiden Beringungsgebieten haben unterschiedliche Zugstraßen. Man unterscheidet „Oststörche" und „Weststörche".

5. Beschreibe die Zugwege der „Oststörche" und der „Weststörche".

   Oststörche: Sie fliegen über den Balkan zum Bosporus und umgehen das Mittelmeer im Osten. Ihr Flug geht weiter über Land bis Südafrika.

   Weststörche: Sie fliegen über Frankreich und Spanien zur Meerenge von Gibraltar. Ihr Flug geht weiter nach West- und Zentralafrika.

6. Bestimme die Länge des Zugweges von Berlin bis Johannesburg/Südafrika *9000 km*

7. Wie lange ist ein Storch auf diesem Zug unterwegs, wenn er täglich eine Strecke von 150 km zurücklegt? *60 Tage*

ISBN 3-12-030910-9

Der Weißstorch – ein Zugvogel

Der Weißstorch verläßt im Winter seine Brutplätze in Mitteleuropa. Durch Beringung von Störchen und Rückmeldung von Ringfunden erhält man Aufschluß über die Zugwege und Überwinterungsgebiete.

Storchenring aus Aluminium

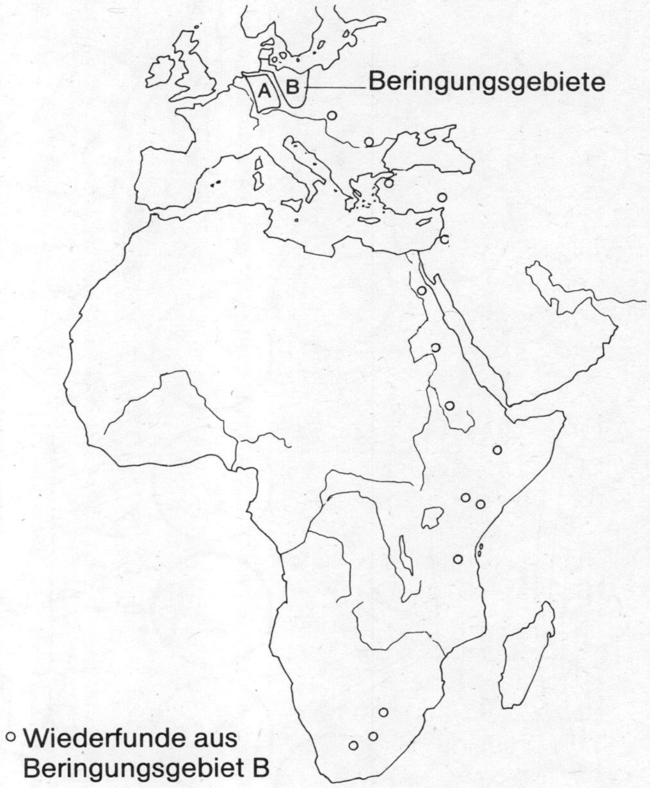

1. Was bedeutet die Beschriftung auf dem Ring?

2. Äußere Vermutungen, auf welchem Weg die Störche aus Gebiet B nach Südafrika kommen.

3. Trage die folgenden Wiederfundorte aus dem Beringungsgebiet A in die nebenstehende Karte ein (als ●). Benutze zum Suchen den Atlas!

   1 Toulouse (Frankreich)
   2 Sevilla (Spanien)
   3 Barcelona (Spanien)
   4 Casablanca (Marokko)
   5 Marrakesch (Marokko)
   6 Valencia (Spanien)
   7 Bamako (Mali)
   8 Ibadan (Nigeria)
   9 Accra (Ghana)
   10 Yaounde (Kamerun)
   11 Timbuktu (Mali)
   12 Mbandaka (Zaire)

4. Was bedeuten diese Ringfunde?

5. Beschreibe die Zugwege der „Oststörche" und der „Weststörche".

6. Bestimme die Länge des Zugweges von Berlin bis Johannesburg/Südafrika

7. Wie lange ist ein Storch auf diesem Zug unterwegs, wenn er täglich eine Strecke von 150 km zurücklegt?

ISBN 3-12-030910-9

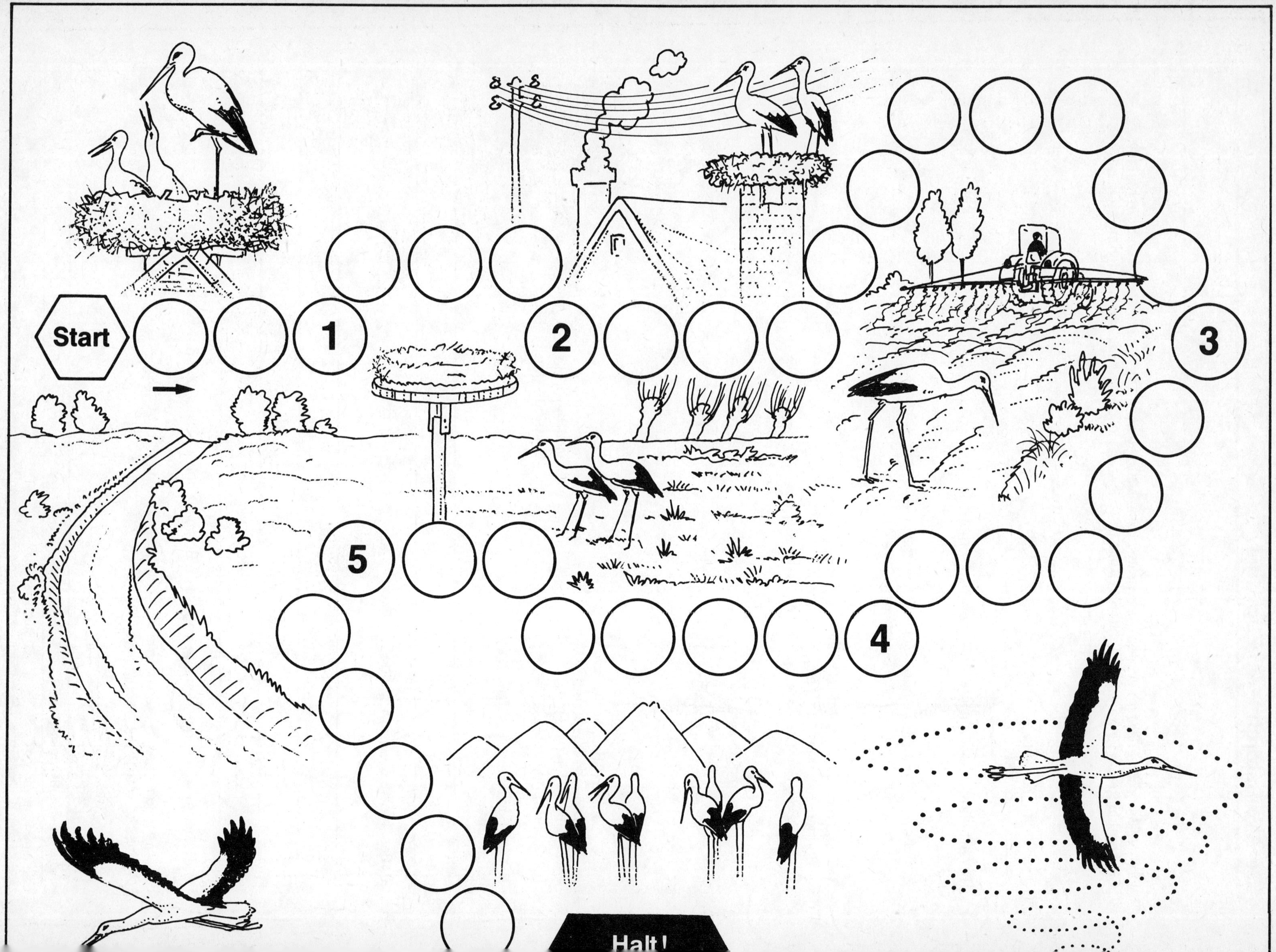
Start
1
2
3
4
5
Halt!

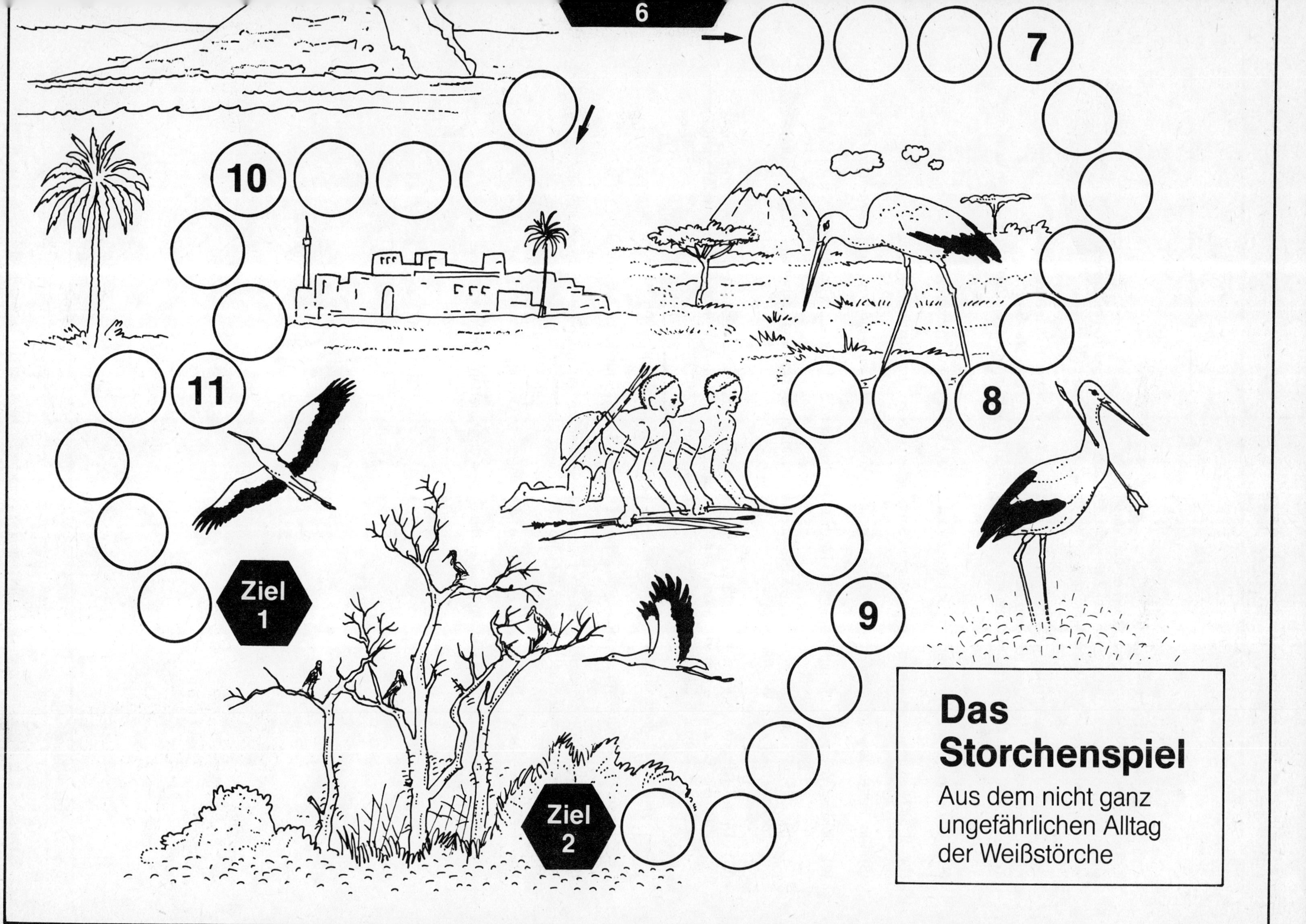

Das Storchenspiel

Aus dem nicht ganz ungefährlichen Alltag der Weißstörche

Zahl der Spieler: am besten 3 bis 5.
Ihr benötigt: einen Spielstein je Spieler, einen Würfel.
Es gewinnt, wer zuerst Ziel 1 oder Ziel 2 erreicht. Dabei muß das Ziel durch die gewürfelte Punktzahl genau (!) erreicht werden. Das gleiche gilt vorher für das Feld Nummer 6, den Sammelplatz.

Beginn des Spiels: Es wird festgelegt, wer mit dem Würfeln anfängt, z. B. der Jüngste. Nun hat jeder reihum einen Wurf. Bei einer „6" wird der Spielstein auf „Start" gesetzt. Der Storch ist geboren.
In der nächsten Runde darf dieser Stein entsprechend den jeweils gewürfelten Punkten gezogen werden.

(1) Der junge Storch wird beringt. Das Nest wird bewacht. 2 Felder vorrücken.

(2) Das Nest liegt zu nahe an einem offenen Schornstein und an Leitungsdrähten. 5 Felder zurück.

(3) Im Futter befinden sich Giftstoffe, der Jungstorch kommt um. Neubeginn mit einer gewürfelten 6.

(4) Ein neu angelegtes Feuchtgebiet und Nisthilfen verbessern die Überlebenschancen. Noch 1x würfeln.

(5) Durch Flußbegradigung gehen Feuchtwiesen verloren. Zu wenig Futter bringt einen Entwicklungsrückstand. 1 x mit Würfeln aussetzen.

(6) Dieses Feld muß genau (!) erreicht werden. Der nächste Wurf entscheidet über den weiteren Zugweg. Bei einer ungeraden Punktzahl (1, 3 oder 5) wirst du zum „Weststorch" und mußt zum „Ziel 1". Bei 2, 4 oder 6 bist du ein „Oststorch" und fliegst zum „Ziel 2".

(7) Günstige Aufwinde über Kleinasien beschleunigen den Flug. 3 Felder vorrücken.

(8) An einem nahrungsreichen Rastplatz erholen sich die Störche gut. Noch 1 x würfeln.

(9) Der Storch wird von Jägern verletzt. Er kann als „Pfeilstorch" nur noch sehr langsam fliegen. Du darfst nur weiterrücken, wenn du eine „1" würfelst.

(10) Der Storch verfehlt beim ersten Anflug die Meerenge von Gibraltar. 1 x aussetzen.

(11) Durch einen Sturm wird der Storch über die Sahara abgetrieben. 3 Felder zurück.

ISBN 3-12-030910-9